Das Thema:

Nie in der mehrtausendjährigen Geschichte des kolossalen Reiches der Mitte war ein Fremder in China zu solcher Macht und solchem Ruhm gelangt wie Adam Schall (1592-1666) aus Köln am Rhein.

In den Annalen Chinas lebt er unter dem Namen Tang Ruowang fort als Ratgeber des Himmelssohnes, als Mandarin der ersten Klasse und Direktor des Kaiserlichen Astronomischen Amtes, der dem Drachenreich historische »Sternstunden« bereitet hat. In die Geschichte der katholischen Kirche ist der deutsche Jesuit und Gelehrte eingegangen als einer der größten Missionare aller Zeiten.

Das Leben Adam Schalls war ein Drama mit unvorstellbaren Höhen und Tiefen.

Der *Biografie* Schalls ist eine *Dokumentation* angefügt, die beleuchtet, was er und seine Vorgänger sowie Nachfolger — sei es gewollt oder ungewollt — Bahnbrechendes und Weltbewegendes bewirkt haben: in Ost und West, in Geschichte und Gegenwart, in Wissenschaft, Kunst und Religion. Selbst die Chinaschwärmerei („Chinoiserie") im Europa des 17. und 18. Jahrhunderts wurde durch die Jesuitenberichte aus dem „Reich der Mitte" ausgelöst.

Der Autor:

Ernst Stürmer, 1932 in Linz/Donau geboren, studierte Geschichte, Romanistik und Publizistik und schloss 1958 seine Studien mit dem Doktorat in Philosophie ab. Schwerpunkt seiner Publikationen als Journalist und Schriftsteller (Sachbuchautor) sind die traditionellen Kulturen Asiens.

*„Nach China zu gelangen,
ist genauso utopisch,
wie den Mond zu erreichen",
hieß es im 16. Jahrhundert in Europa*

*Der Drache,
magisches Wundertier im Fernen Osten,
ist das Symbol der chinesischen Kaiser,
die sich selber häufig als Nachfahren
der Drachen begriffen.
Den kaiserlichen Thron nannte man
Drachenthron*

Ernst Stürmer

Biografie & Dokumentation

Mit Fernrohr und Bibel zum Drachenthron

»Meister himmlischer Geheimnisse«

Adam Schall S.J. (1592-1666)

Astronom, Freund und Ratgeber des Kaisers von China

www.tredition.de

© 2013 Ernst Stürmer

Verlag: tredition GmbH, Hamburg
Printed in Germany
ISBN: 978-3-8495-2015-1

Das Werk, einschließlich seiner Teile, ist urheberrechtlich geschützt. Jede Verwertung ist ohne Zustimmung des Verlages und des Autors unzulässig. Dies gilt insbesondere für die elektronische oder sonstige Vervielfältigung, Übersetzung, Verbreitung und öffentliche Zugänglichmachung.

Bibliografische Information der Deutschen Nationalbibliothek: Die Deutsche Nationalbibliothek verzeichnet diese Publikation in der Deutschen Nationalbibliografie; detaillierte bibliografische Daten sind im Internet über http://dnb.d-nb.de abrufbar.

Inhalt

DOKUMENTATION

Sternstunden für China und Europa   214
*Hintergründe und Zusammenhänge einer
beispiellosen Begegnung fremder Kulturen*

Anhang   338

Vorwort

Das ist ein *neues* Buch, es hat aber schon seine Geschichte. Sein Kern ist nämlich das Buch »Meister himmlischer Geheimnisse«, das auch ins Chinesische übersetzt und vom Verlag der Universität Peking unter dem Titel **"通玄教师"** 汤若望. (Tong xuan jiao shi. Tang Ruowang) veröffentlicht wurde.

Seit dem Erscheinen des deutschen Originals 1980 ist viel Wasser den Rhein und den Jangtsekiang hinuntergeflossen — und die Schall-Forschung hat inzwischen nicht geruht. Es ist also an der Zeit, das Lebensbild Adam Schalls, des größten deutschen Missionars und des Brückenbauers zwischen zwei Welten, neu zu entrollen, d.h. zu aktualisieren und zu vervollständigen: das ist das Anliegen des vorliegenden Buches »Mit Fernrohr und Bibel zum Drachenthron«.

Bevor wir auf den Spuren Adam Schalls in das alte China, das geheimnisvolle ferne und verschlossene „Wunderland", aufbrechen, legen wir erst einmal die Brille eines Menschen des 21. Jahrhunderts beiseite und betrachten wir das Leben und die Welt durch die Augen und mit dem Herzen eines Rheinländers, eines Jesuitenmissionars, eines Gelehrten und eines Wahlchinesen des 17. Jahrhunderts. Dann werden wir Adam Schall verstehen: die Gedanken, die Gefühle, die Worte, das Verhalten und die Taten eines Pioniers ohnegleichen.

Dass ein katholischer Priester deutscher Zunge zum obersten Mathematiker und Astronomen des

Kaisers von China aufstieg, dass ein frommer Jesuit für den Herrscher auf dem Drachenthron „Feuerschlünde aus Erz" (sprich: Kanonen) goss, dass ein christlicher Missionar sich als zerlumpter Kohlenhändler verkleidete, um sich in ein Staatsgefängnis einzuschleichen — das sind so unglaubliche Geschichten, dass Hermann Schreiber in seinem Buch „Die Chinesen" zum Leben Adam Schalls zu Recht meint: „Das ist ein Filmstoff, neben dem alles verblassen müsste, was Hollywood jemals über China zustande gebracht hat."

Der deutsche Gelehrte und Ordensmann Adam Schall (1592-1666) wurde der Freund des ersten Mandschukaisers, der den Jesuiten vertraulich-respektvoll „Mafa" („Ehrwürdiges Großväterchen") nannte. Der Fremde aus Fernwest wagte es, dem unumschränkten Imperator und größten Herrscher der Welt die Leviten zu lesen und er trotzte beherzt Räubern und Rebellen. Er wurde ausgezeichnet mit bombastischen Titeln und Würden und wurde niederträchtig geschmäht und verleumdet. Hochbetagt und halbgelähmt wurde Schall der Zauberei, des Hochverrats, der Predigt einer verwerflichen Religion und der Verbreitung falscher astronomischer Lehren angeklagt und zum Tode durch Zerstückelung bei lebendigem Leib verurteilt, aber durch das Eingreifen des Himmels und der Erde gerettet.

Die *Biografie* wird im zweiten Buchteil ergänzt durch eine *Dokumentation*, die erstmalig im Zusammenhang aufzeigt, was die Schlüsselfigur Adam Schall und seine Mitbrüder Epochemachendes, ja Geschichtemachendes vollbracht haben.

BIOGRAFIE

Johann Adam Schall von Bell S.J.,
der Meister himmlischer Geheimnisse

Der Brückenschlag
nach China

Die Stationen
eines Pioniers ohnegleichen

Der 16. und letzte Kaiser der Ming-Dynastie, Chongzhen (= Erhabene Gunst), der von 1627 bis 1644 das Reich der Mitte regierte, verlieh ihm den Ehrennamen „Gepriesener Meister der Lehre des Himmels". Der Geehrte namens Johann Adam Schall von Bell wurde der Leitstern am astronomischen Himmel Chinas.

Doch der Weg dorthin war alles andere als eben und gerade.

Die Sterne regieren

China und die Himmelslehre, sprich Astronomie: schon in sagenhafter Urzeit waren die Chinesen, vom Kaiser bis zum Kuli, Sternenfreunde. 5000 Jahre alte Tonscherben bekunden ihr Interesse am Firmament. Astronomische Aufzeichnungen gehen bis 1300 vor Christus zurück.

Zentraler Gedanke der alten chinesischen Astronomie war, dass sich der Mikrokosmos (die Menschenwelt) im Makrokosmos (dem Weltall) spiegelt, d. h. dass die irdischen Geschehnisse Reflex — Widerschein — der himmlischen Bewegungen sind. Durch die Beobachtung des Himmels bzw. der Bewegungen der Sterne ließ sich also alles, was auf Erden passiert, vorhersagen: die Unzufriedenheit der Himmelsgötter, Aufstände, Ernten ...

Der Kaiser hatte als Stellvertreter des Himmels dessen Befehle zu vollziehen.

Nichts lag den Chinesen mehr am Herzen, als im Einklang mit dem Gesetz des Himmels, mit der heiligen Ordnung des Universums zu leben. Mit der Natur übereinzustimmen, war ihre Religion. War die Harmonie zwischen Mensch und Himmel gestört, folgte Unglück, schwanden Ruhe und Ordnung dahin.

Für die staatliche wie die bürgerliche Wohlfahrt war es das Um und Auf, dass sich das öffentliche und das private Leben nach dem Lauf der Sonne, des Mondes und der Sterne richteten. Handel und Wandel, Tun und Lassen wurden im himmlischen Reich der Mitte bestimmt vom Kalender.

Mit anderen Worten: die Chinesen waren leidenschaftliche Astrologen.

Wer ein Kleid zuschneiden, Vieh kaufen, sich das Haupt rasieren, sein Haus fegen, einen Toten bestatten, Bekannte einladen, einen Vertrag abschließen, einen Brunnen graben, sich verloben, die Wohnung wechseln oder eine Teebude eröffnen wollte, musste die Sterne befragen, das heißt im Kalender erkunden, wann der Zeitpunkt dafür günstig oder ungünstig war.

In den großen Staatsgeschäften wie in den kleinen Familienbelangen hatte der Kalender das letzte Wort.

Der Kaiser war zwar Herr über die Welt (= China), aber nicht Herr über sich selbst. Die Hofastrologen lenkten seine Schritte und hielten seine Handlungen in Schach.

Die Zeitrechnung in Ordnung zu halten war also das Nationalanliegen Nummer eins in China. Die sorgfältige Beobachtung der Vorgänge und Erscheinungen am gestirnten Himmel fesselte den Kaiser, die Gelehrten und das Volk gleichermaßen. Wenn etwa eine Mond- oder Sonnenfinsternis zum vorausgesagten Zeitpunkt eintraf (die Astronomen mussten frühzeitig ihre Berechnungen versiegelt dem Kaiser übergeben), war Jubeltag, wenn sich die Himmelskundler aber geirrt hatten, Staatstrauer.

Die alljährliche Veröffentlichung des Kalenders war eine Haupt- und Staatsaktion. Unglücklicherweise hatten sich im Lauf der Jahrhunderte viele Fehler in die astronomische Kalenderberechnung eingeschlichen. Es war höchste Zeit, den Kalender zu präzisieren.

Die beamteten chinesischen Hofastronomen waren nicht mehr in der Lage, im Voraus exakt die Sonnen- und Mondfinsternisse, die Tage der Neumonde und Vollmonde, die Bewegungen der Sonne, die Zeiten der Sonnenwenden und Tagundnachtgleichen, die Anfänge der Jahreszeiten, die Positionen und die Konjunktionen der Planeten und andere Himmelserscheinungen bekanntzumachen.

Die in der späten Mingzeit längst fällige, ja dringliche Kalenderreform — das war also die Chance von Jesuitengelehrten aus dem fernen Westen.

Noch verharrte China aber in seiner isolationistischen Politik. Das hochkultivierte Reich der Mitte, das ein Drittel der Menschheit beheimatete, schottete sich seit 1429 gegen die Außenwelt ab. Es war eine Welt in sich und für sich. Den Fremden, als Barbaren verachtet, war es bei Todesstrafe verboten, das Land zu betreten.

Im frühneuzeitlichen Europa galt es daher als Dogma: „Nach China zu gelangen, ist genauso utopisch, wie den Mond zu erreichen."

Vorstoß zum Drachenthron

Dennoch, die Utopie wurde wahr: Im Jahre 1583 durchbrach ein verwegener italienischer Jesuit, Matteo Ricci, die chinesische Mauer der Feindseligkeit, Tod und Tortur nicht fürchtend. Er betrat den „fernen Stern" China.

Es war ein unvorstellbares Ereignis: Im Jahre 1601 schritt der Fremdling Matteo Ricci, der sich seit 18 Jahren stets gefährdet im verbotenen Reich der Mitte aufhielt, durch die von 3000 Soldaten bewachten Tore des Kaiserhofes, um Geschenke zu überbringen. Von Angesicht zu Angesicht durfte er die Majestät auf dem Drachenthron natürlich nicht sehen, denn der „Sohn des Himmels" entzog sich den Blicken selbst der Vizekönige, Minister und Präsidenten, mit denen er nur schriftlich verkehrte.

→ *Über Matteo Ricci veröffentlichte der Autor das Buch: Ernst Stürmer, „Vorstoß zum Drachenthron", Matteo Ricci (1552-1610), der Mandarin des Himmels, Gemeinschaftsproduktion der Verlage St. Gabriel, Mödling 1978 und Steyler Verlag, St. Augustin*

Bahnbrecher Matteo Ricci

Der Kaiser residierte als Mittler zwischen göttlicher und menschlicher Welt unnahbar in sakraler Zurückgezogenheit und mystischer Ferne, geschützt durch eine dreifache Mauer.

Die Innenstadt Pekings, die sogenannte Nordstadt, selber von einer 24 Kilometer langen, 15 Meter hohen und 10 Meter breiten Mauer — der gewaltigsten Stadtmauer der Welt — geschützt, umschloss die durch drei Wälle und 5000 Wachtposten mit Elefanten beschirmte Kaiserstadt.

Der gesamte kaiserliche Baukomplex besteht aus 890 Palästen mit zahllosen Pavillons und 9999 ½ Räumen — denn 10.000 Räume gebührten nur dem Himmel. Errichtet wurde die Kaiserburg zwischen 1406 bis 1420 unter Kaiser Yongle — von 100.000 Kunsthandwerkern und 1 Million Sklaven.

Der erste Wall umgürtete die *Gelbe Stadt*, eine paradiesische Parklandschaft mit Hügeln, Hainen, Seen, Teichen, mit Rennbahnen für Pferde, mit Hirschen, Hasen und Gämsen.

Innerhalb der Gelben Stadt schloss der zweite Wall die *Violette Stadt* ein, auch Verbotene Stadt genannt, die die kaiserlichen Speicher, Kleiderkammern, Spitäler, Tempel, Bibliotheken und Bühnen beherbergte. Die Verbotene Stadt wurde von den Höflingen bewohnt, den 10.000 Eunuchen und 2000 Palastdamen, die den Kaiser und die Kaiserinnen bedienten.

„Richtige Männer" hatten keinen Zutritt zur Verbotenen Stadt, nur Eunuchen.

Peking, geschützt von der gewaltigsten Stadtmauer der Welt

Die gewöhnlichen Eunuchen dienten u. a. als Boten, Herolde, Köche, Haremswächter, Badediener, Sänftenträger und — auf der untersten Rangstufe — als Putzsklaven. Die „Aristokraten" unter den Kastraten waren die Generaleunuchen und die Obereunuchen. Unter ihnen waren Minister und Berater des Kaisers, und sie konnten sich einen fürstlichen Lebensstil leisten.

Die in den 15 Palastämtern angestellten Halbmänner waren in der Regel von niedrigem Stand, die Palastdamen hingegen nicht selten aus bestem Haus.

Die Hofdamen, die „Glücklichen" genannt, waren Gefangene auf Lebenszeit. Sobald die nach Stand und Bildung ausgesuchten Mädchen zum Geburtstag des Kaisers oder zum Neujahrsfest dem Sohn des Himmels geschenkt wurden, durften sie die Verbotene Stadt nie mehr verlassen.

Sie überreichten kniend dem Kaiser die eingegangenen Gesuche, sie spielten mit ihm Schach, sie servierten ihm die Speisen, sie bedienten ihn als Kammerzofen — und sie stellten die Konkubinen. Oder sie unterhielten als Gesellschafterinnen die Kaiserinnen und sie waren Kindermädchen der kleinen Prinzen und Prinzessinnen.

Die Verbotene oder Violette Stadt ihrerseits umschloss die von dem dritten Wall umgebene *Purpurstadt*, die eigentliche Palaststadt. Die vergoldete Kaiserburg barg das Nationalheiligtum, den Drachenthron, auf dem der Beauftragte des Himmels die Welt — sprich China — regierte.

Nur die geschlechtslosen Kammerdiener und die Konkubinen hatten also persönlichen Kontakt mit dem Kaiser.

Es war undenkbar, Ricci eine Audienz zu gewähren, wenn er selbst seinen höchsten Würdenträgern einen Empfang verwehrte. Wenn die Autoritäten des Landes dem Kaiser dankten oder gratulierten, mussten sie sich vor dem leeren Thron verneigen oder niederwerfen.

Hilferuf nach Rom

Gerade in jener Zeit, als Matteo Ricci in China Fuß fasste, herrschte im Reich der Mitte ein besonders lebhaftes Bedürfnis, die Mängel in der Berechnung der Zeiten und der Bewegungen der Himmelskörper zu beseitigen und einen korrekten Kalender zu erstellen.

Matteo Ricci, der es allein seinen Kenntnissen in Astronomie, Mathematik, Physik und Geografie zu verdanken hatte, dass er in China eindringen konnte, erkannte die Chance, im Reich der Mitte durch die Beobachtung des sichtbaren Himmels den Weg zum unsichtbaren Himmel zu weisen.

Daher sandte er einen eindringlichen Hilferuf nach Rom an seine Ordensleitung: Beordert unverzüglich Astronomen, sternkundige Mitbrüder, nach Peking!

In seinem 1605 abgesandten Bittbrief berichtet er dem Jesuitengeneralat, dass der Kaiser von China seines Wissens mehr als 200 Leute beschäftige, die Jahr für Jahr den Kalender berechnen.

Matteo Ricci

Zudem — so meldete Ricci nach Rom — unterhalte der Kaiser außerhalb des Palastes in Peking mit großem Aufwand zwei astronomische Kollegien, die die Zeichen des Himmels beobachten und deuten. Das eine Kollegium befolgt die Regeln der chinesischen Sternkunde, das andere die der arabischen bzw. muslimischen. Beider Voraussagen von Finsternissen sind fehlerhaft, und die Astronomen der chinesischen und arabischen Schule pflegen sich damit zu entschuldigen, dass sie doch auf das Genaueste die von ihren Vorgängern aufgestellten Regeln beobachtet hätten. Beide wissenschaftlichen Systeme erweisen sich als recht unzuverlässig, weil sie Hunderte Jahre nicht reformiert wurden.

Darum bat Matteo Ricci seine Ordensleitung in Rom flehentlich, Astronomen nach Peking zu senden, die einer Kalenderreform gewachsen wären.

„Ich sage ausdrücklich Astronomen", schrieb Ricci wörtlich, *„denn was Geometrie, Uhrmacherkunst und Astrolabien betrifft, so bin ich damit vertraut genug und habe sämtliche einschlägigen Bücher, die ich brauche. Dank meiner Weltkarte, meiner Uhren, Erdkugeln, Astrolabien und der anderen Dinge, die ich herstelle und lehre, gelangte ich zu dem Ruf, der größte Mathematiker der Welt zu sein. Obwohl ich kein Buch über Astronomie zur Verfügung habe, vermag ich mit Hilfe gewisser portugiesischer Kalender und Journale die Finsternisse genauer vorauszusagen als die kaiserlichen Hofastronomen der chinesischen und muslimischen Schule.*

Wenn ich erkläre, dass ich keine Bücher habe und darum nicht an die Verbesserung des Kalenders herangehen möchte, so glauben mir die Gelehrten nicht.

Deswegen ruf ich den Pater General an, einen oder zwei Astronomen aus Europa zu schicken, gleich welcher Nationalität. Man lasse sie die nötigen Bücher mitbringen. Dann werden wir die Erneuerung des Kalenders bewältigen, zum Nutzen unserer heiligen Religion."

Da war es um ihn geschehen

Etwa zu der Zeit, als Matteo Riccis Ansuchen in der Ewigen Stadt einlangte — die Post von Peking nach Rom dauerte damals Jahre —, ritt ein blutjunger Edelmann vom Rhein, Johann Adam Schall von Bell mit Namen, durch die Porta del Popolo in die Stadt der sieben Hügel am Tiber ein.

Möglicherweise haben sich seine Eltern beeilt, den vielversprechenden Sprössling über die Alpen in die Ewige Stadt zu schicken, um ihn nicht länger der Gefahr des Schwarzen Todes auszusetzen, denn 1606/1607 überrollte eine Pestwelle das Rheinland.

Der Jüngling aus der Rheinmetropole war jedenfalls seit Ende 1607 fest entschlossen, sein Leben nicht der Erde, sondern dem Himmel zu weihen. Er sollte dereinst der berühmteste und einflussreichste Astronom im Kaiserreich China werden.

Davon ahnte der Rektor des Germanikums, des Deutschen Kollegs in Rom, Pater Philipp Rinaldi, freilich nicht das Geringste, als das Bürschchen aus

Köln an die Tür seines Zimmers klopfte und Aufnahme begehrte.

Der Rektor des Germanikums wies ihn ab und schrieb einen vorwurfsvollen Brief an den Rektor der Kölner Jesuitenschule, die der junge Schall besucht hatte: „Ein Fehler ist begangen worden, der mir nicht geringe Sorge bereitet. Es handelt sich um Johann Adam Schall von Bell. Er ist unerwartet hier eingetroffen, tantillus puer — ein richtiges Knäblein. Allen hier erscheint er noch nicht reif für das Deutsche Kolleg. Wie es zu diesem Irrtum gekommen ist, kann ich nicht verstehen."

Doch der 16-jährige Johann Adam Schall, am 1. Mai 1592 auf der Burg Lüftelberg bei Köln oder in Köln im Stadthaus der Familie in der Nähe der Apostelkirche geboren, war kein Dahergelaufener. Er entstammte rheinischem Uradel (sein Patriziergeschlecht ist schon 1150 urkundlich nachweisbar), besaß brillante Geistesanlagen und hatte an der führenden Erziehungsstätte am Niederrhein, dem Dreikönigsgymnasium (damals Collegium Tricoronatum = Dreikronengymnasium) in Köln, eine klassische Bildung erworben. Er schrieb, las und sprach mühelos das herrlichste klassische Latein.

Es war also kein Wunder, dass seine Zurückweisung ein diplomatisches Nachspiel hatte. Der Patriziersohn Adam Schall fand hohe Fürsprecher. Niemand Geringerer als Herzog Ferdinand von Bayern (1577-1650) schrieb an den Jesuitengeneral Claudio Aquaviva persönlich, dem er empfahl, den jungen edelgeborenen und gelehrigen Schall ins Germanikum aufzunehmen, wenngleich er noch nicht das

Alter von 20 Jahren erreicht hätte, das in der Regel
für den Eintritt vorgeschrieben wäre.

Jesuitengeneral Aquaviva

Der General der Jesuiten drückte, dem herzogli-
chen Wunsch willfahrend, ein Auge zu, und so wurde
dem erst Sechzehnjährigen der Eintritt in das Deutsche Kolleg gestattet. Man schrieb den 24. Juli 1608,
als er den roten Talar der Germaniker empfing. Der
neue Zögling war gesundheitlich angeschlagen, „sehr
bleich und abgemagert", wie der Rektor nach Köln
berichtete.

Drei Jahre später nach dem Examen in Philosophie packte er alle seine Habseligkeiten zusammen — einen Filzhut, einen leichten dunkelbraunen Wollüberzieher, einen Talar, eine rote Unterjacke, eine dunkelbraune Tuchhose, ein Paar schwarze Strümpfe, ein Hemd, ein Taschentuch, ein Paar Pantoffel und ein Paar Lederschuhe — und übersiedelte für 2 Jahre in das Noviziat der Jesuiten, Sant`Andrea, auf dem Quirinal in Rom.

Unter den rund 80 Jesuitenaspiranten, die gleichzeitig mit dem jetzt 19 Jahre alten Adam Schall das Noviziat — die Probezeit für die Ablegung der Ordensgelübde — absolvierten, war der um 16 Jahre ältere, damals schon 35-jährige Johannes Schreck (latinisierter Name: Terrenz) aus dem schwäbischen Sigmaringen, ein hochangesehener Gelehrter, der sich vor seinem Eintritt in den Jesuitenorden in ganz Europa einen Namen als Arzt, Naturwissenschaftler und Philosoph gemacht hatte. Er wird späterhin als Vorläufer Adam Schalls in China der europäischen Astronomie die Bahn brechen.

Im Noviziat stand freilich nicht der Intellekt im Vordergrund. Es diente nicht primär der Geistesschulung, sondern der Herzensbildung, der Seelenentfaltung und der Willensstärkung der angehenden Ordensmänner. Es war ein Praktikum der Nächstenliebe und der Selbstüberwindung.

Der Novize Adam Schall besuchte in freien Stunden Gefängnisse und Krankenhäuser, tröstete Sträflinge und pflegte Sieche. Mit seiner rheinischen Herzlichkeit zauberte er ein Lächeln auf düstere Gesichter.

Öfter und öfter wanderten damals seine Gedanken über die Meere ins unermesslich ferne Wunderland China, dessen Himmelskaiser, so ging die Kunde, dem Jesuiten Matteo Ricci seine Huld bezeugt hatte. Der deutsche Novize bewunderte die maßlose Kühnheit P. Riccis, der die Bekehrung des unumschränkten Herrschers des Chinesenreiches ins Auge gefasst hatte, gestützt auf seine mathematischen und astronomischen Kenntnisse, die das Staunen, ja die Verblüffung der chinesischen Literaten (Gelehrten) erregt hatten.

War er, Johann Adam Schall, von Natur aus naturwissenschaftlich hochbegabt, nicht berufen, in die Fußstapfen Riccis zu treten? So fragte er sich erschrocken, über die Weltkarte gebeugt.

In Peking vertraute der inzwischen abgemattete Bahnbrecher P. Ricci — in China Li Madou genannt — einem Ordensbrüder an: „Meine Zeit ist um, meine Kräfte sind aufgebraucht". Obwohl sich die sechs besten Ärzte Pekings um seine Gesundheit bemühten, starb er eine Woche später, 1610, am 11. Mai. Das war nicht nur für Rom, sondern ebenso für Peking ein historisches Ereignis, das den Drachenkaiser selbst zu einem einzigartigen Akt bewog. Bislang war es gesetzlich streng untersagt, Fremde innerhalb Pekings zu begraben. Für den hochverehrten „Meister Li", der im damaligen China als einer jener großen Heiligen und Weisen galt, wie höchstens alle 500 Jahre einer geboren wird, machte der Kaiser eine Ausnahme: Ricci durfte als erster Ausländer in der Hauptstadt begraben werden (seine vor ihm verstorbenen Mitbrüder mussten noch in Macao beerdigt werden).

Was die Sensation perfekt machte: der Kaiser selbst schenkte den Jesuiten ein Grundstück für die Grabstätte Li Madous. Es lag in einem Wohnviertel gleich außerhalb der westlichen Stadtmauer nächst dem Fucheng-Stadttor (Fuchengmen), das anfänglich Pingzi-Stadttor (Pingzimen) hieß. Das der Kirche gewidmete Gelände, „Tenggong Zhalan" (Palisaden der Familie Teng) genannt, war eine von einer Steinmauer umfriedete, 20 Mu (1,33 Hektar) große Liegenschaft mit einer Villa aus Ziegeln. (Aus dem Zhalan-Anwesen vor dem Westtor erwuchs im Lauf der Zeit ein markanter missionarischer Stützpunkt der Kirche im Reich der Mitte).

Knapp vor seinem Tod hatte sich der Bahnbrecher Matteo Ricci in Peking den anwesenden Jesuiten zugewandt mit den Worten, die an den Jesuitenorden und an die Weltkirche gerichtet waren: „Ich verlasse euch vor einer Tür, die großen Verdiensten offensteht, dies jedoch nicht ohne zahlreiche Gefahren und viele Mühen."

Adam Schall scheute nicht davor zurück, durch den Türspalt zu schlüpfen. Als eines Tages Ende 1614 nach einer Reise von fast zwei Jahren aus dem Reich der Mitte ein feuriger Chinamissionar, Pater Nikolaus Trigault (1577-1628), in Rom eintraf und in flammenden Appellen in den Jesuitenhäusern um Helfer warb, da war es um Schall geschehen. Nach der persönlichen Begegnung mit diesem mitreißenden flämischen Glaubensboten brannte der 22-jährige Deutsche lichterloh für die Chinamission.

P. Nikolaus Trigault

1617 schloss Adam Schall glanzvoll seine theologischen und naturwissenschaftlichen Studien ab (sein Professor in den Naturwissenschaften am Collegio Romano war der aus Hall in Tirol stammende Jesuitenpater und bedeutende Astronom Christoph Grienberger, nach dem ein Mondkrater benannt ist). Er war intellektuell bestens trainiert.

1618 wurde Adam Schall zum Priester geweiht.

Als Neupriester begab er sich im Auftrag seiner Oberen, die ihn schon 1616 aufgrund seines soliden mathematischen und astronomischen Fachwissens und seines scharfen Intellekts für die Chinamission erwählt hatten, nach Lissabon, um in aufs Höchste gespannter Erwartung seine Reise auf den Wellen nach Fernost anzutreten.

Ab in den Orient

»Der gute Jesus« hieß das vierstöckige Schiff, das am 16. April 1618, am Ostermontag, in Lissabon die Anker lichtete und in den Orient mit dem Ziel Goa (Indien) absegelte.

An Bord befanden sich 636 wie Heringe geschlichtete Reisegäste und Matrosen samt ihrem Gepäck, ihren Handelsgütern und den Lebensmittelvorräten für 8 Monate. Ein Detail, das einer der Missionare nach Hause berichtete: Geschäftsmänner führten „10.000 Stück lebendigen Federviehs" mit sich.

Von den 636 Passagieren waren 22 für China bestimmte Glaubensboten aus dem Jesuitenorden: 10 Portugiesen, 5 Belgier, 3 Deutsche (einer namens

Johann Adam Schall von Bell), 3 Italiener und ein Österreicher. Die Missionare hausten in einer für 600 Kronen gemieteten Kabine im Hinterdeck, die als Schlafkammer und Esslokalität diente. Das Essen für das Schiffsvolk war knapp und schlecht.

Galeone

Südlich der Kapverdischen Inseln, an der als windstille Todeszone berüchtigten Guineaküste, brach eine Seuche aus, ein pestilenzialisches Fieber, das über die Hälfte der Matrosen und Passagiere auf das Krankenlager warf, zuerst die Mannschaft von den Schiffsjungen bis zum Kapitän. In ihren Qualen ächzten, seufzten und stöhnten die Kranken. Das Röcheln der Sterbenden ging allen durch Mark und Bein. Der fiebergeschüttelte Schall erinnerte sich mit Grauen zurück an seine Jugend, als in seiner Vaterstadt Köln der Schwarze Tod, die Pest, wütete und blühendes Leben niedermähte. In seelischem Dämmerzustand hörte er die Totenglocken Kölns unentwegt läuten.

Am 13. Juli, als ein heimwärts reisendes portugiesisches Segelschiff ihr schwimmendes Lazarett passierte, bot sich die Gelegenheit, Post nach Rom zu schicken. Adam Schall, seit einer Woche vom Fieber geschwächt, war bedrückt; er konnte sich seiner trüben Gedanken nicht erwehren und schrieb in dem Brief an seine Studienfreunde: „Betet für mich wie für einen Toten…“.

Die Fieberepidemie forderte 45 Opfer, darunter den Kapitän Johann Suarez Enriquez und fünf der 22 für China angeworbenen Missionare. Wären nicht die Missionare gewesen, die in übermenschlicher Willensanstrengung den Pflegedienst leisteten, hätten auf dem Todesschiff wohl an die 200 aus der Reisegesellschaft das Zeitliche gesegnet. Ihre Rettung verdankten die noch einmal Davongekommenen namentlich Pater Johann Schreck (Terrenz), den wir schon als Konfrater Adam Schalls im Noviziat und als europabekannten Wissenschaftler flüchtig kennengelernt haben und dem wir in China wieder begegnen werden — als Pionier der europäischen Astronomie und Forscher im kaiserlichen Kalenderamt. Hier auf dem Schiff waltete er seines Berufes als Mediziner, verabreichte Arzneien und zapfte Blut ab.

Wenn es das Elend an Bord zuließ, betätigten sich die Missionare als Wissenschaftler und Forscher. Sie bemühten sich als Neulinge, den Sinn der geheimnisvollen chinesischen Schriftzeichen zu entdecken, sie beobachteten die Sterne, Winde und Meeresströmungen und sie bestimmten die geographische Lage der Küsten und Inseln.

25. Juli, ein Freudenschrei der Matrosen weckte die zusammengeschmolzene, dahindösende Reisegesellschaft: „Das Kap der Guten Hoffnung in Sicht!"

Am 4. Oktober 1618 war das Reiseziel des Schiffes »Guter Jesus« erreicht: Goa. Das war keine Selbstverständlichkeit in jenen Zeiten: Von den 323 Schiffen, die zwischen 1580 und 1640 von Lissabon nach Goa steuerten, gingen nicht weniger als 70 unter.

Als Schall und seine Gefährten indischen Boden betraten, eineinhalb Monate früher als sie angenommen hatten — im Allgemeinen dauerte das Durchpflügen der Wasserwildnis bis zur portugiesischen Kolonie sieben Monate —, jubelte ihr Herz. Der Jesuitenprovinzial von Goa, dem »asiatischen Rom«, hieß sie willkommen mit dem Psalm: „Gepriesen sei, der da kommt im Namen des Herrn!"

Zwei weitere für China ausersehene Missionare starben in Goa.

Hier in Goa, das nur Zwischenstation auf dem Weg nach China war, erreichte sie die lähmende Hiobsbotschaft, dass der Kaiser von China die Jesuiten in seinem Lande 1617 in Acht und Bann getan und deren Ausweisung befohlen hatte. Niedergeschlagen schiffte sich Schall Mitte 1619 nach Macao, dem portugiesischen Stützpunkt vor den Toren Chinas, ein. Er erreichte Macao am 15. Juli 1619, nachdem die Karavelle zwei böse Orkane in der Meeresenge von Malakka und im Meer von Cochinchina überstanden hatte. Die Halbinsel Macao war seit 1557 eine portugiesische Ansiedlung, blieb aber dem chinesischen Kaiser tributpflichtig.

Nur 8 der 22 in Lissabon abgesegelten und für China bestimmten Missionare haben nach der Höllenfahrt über die Ozeane den Zielhafen Macao — das Eingangstor zum Land ihrer Sehnsucht — erreicht. Adam Schall war einer von ihnen.

Der Weg nach China aber war durch die Christenverfolgung ab 1616 versperrt. Im Reich der Mitte war seit dem 14. Februar 1617 das kaiserliche Dekret in Kraft, das die verfemten Jesuiten — zwei wurden sogar namentlich genannt — des Landes verwies.

Das allerhöchste Diktat mit dem Siegel des Himmelssohnes lautete:

„Wir lassen an sämtliche Provinzen des Reiches den Befehl ergehen, Vagnoni und Pantoja samt ihren Gefährten in ihr eigenes Land zurückzuschicken: denn sie haben eine unbekannte Lehre verkündet. Unter dem Vorwand der Religion haben sie die Ruhe des Volkes gestört und sich verschworen, unter unseren Untertanen Aufruhr zu stiften und eine allgemeine Erhebung

gegen den Staat herbeizuführen. Wir befehlen den Beamten unserer Provinzen, diese Fremdlinge, wo immer sie aufgefunden werden, unter starker Bewachung nach Kanton zu geleiten, von wo aus man sie in ihr eigenes Land zurückschicke, damit sie China in Frieden lassen. Obgleich wir diese Fremdlinge im vorigen Jahr auf Grund des Bescheides, sie seien zu unserem Dienst in unser Reich gekommen und Pantoja und seine Gefährten seien zur Berichtigung unseres Kalenders wohlbefähigt, in den Rang von Mandarinen erhoben haben, wünschen und verfügen wir, dass sie ungeachtet dieser Beförderung entlassen und in ihr eigenes Land zurückgeschickt werden. Dies gereicht uns zur Freude."

Den Missionaren gereichte es allerdings zur Trauer.

Tod den Barbarenhunden!

„Tod den Missionaren!" hatte 1616 in unerbittlichem Hass der Erzfeind der Christen im Reich der Mitte gefordert, Shen Quc, der Vizepräsident des Kultusministeriums von Nanking (Nanjing), zuständig für Riten (sprich Religionsgebräuche).

Shen Que rief zu einem Vernichtungsfeldzug gegen die Jesuiten auf, die er „abscheuliche Ratten" nannte und der Anzettelung eines Putsches bezichtigte. Er bombardierte den Thron mit den unsinnigsten Anklagen gegen die Väter der Gesellschaft Jesu: sie verbreiteten eine verkehrte Lehre, sie verböten das Ahnenopfer, sie verleiteten das Volk zum Aufstand und führten als Häupter eines Geheimbundes der Kirche den Sturz des vom Himmel erwählten Kaisers im Schilde.

Der ewige Friede werde erst anbrechen, lamentierte der hohe Mandarin, wenn der Kaiser sich herabließe, die Barbarenhunde achtmal zehntausend Li weit fortzujagen, das heißt auf gut deutsch, sie auf den Mond zu schicken.

Der grollende stellvertretende Kultusminister von Nanking wartete nicht einmal das Echo des Hofes auf seine Anschuldigungen ab, sondern veranstaltete auf eigene Faust in Nanking eine Christenverfolgung — die erste in China.

Sie wurde — ebenso wie die später gegen das Christentum gerittenen Attacken — geschürt durch die Sorge und die Angst, dass die „neue Lehre" die Grundfesten der Gesellschaft und des Staates untergräbt. Denn die vollbärtigen fremden Männer im Gelehrtenrock verkündigen die Gleichheit aller Menschen als Kinder Gottes. Der Glaube, dass vor Gott alle Menschen gleich sind, war im Reich der Mitte pure Ketzerei: ein Verrat an Chinas Tradition.

Im familiär und gesellschaftlich streng hierarchisch geordneten Reich der Mitte war es ein unerhörter Skandal, mit der Begründung der Gotteskindschaft der Menschheit den Untertan mit dem Fürsten, die Kinder mit den Eltern, den Schüler mit dem Lehrer, die Tochter mit dem Sohn, die Frau mit dem Mann und die Jüngeren mit den Älteren gleichzustellen.

Darüber empörte sich in Nanking Vizeminister Shen Que, obwohl die Freunde und Sympathisanten der Jesuiten nicht müde wurden, klarzumachen, dass die Patres wie Chinas Lehrmeister Konfuzius die Pflichttreue gegenüber dem Herrscher und den Vorgesetzten und die Achtung vor den Eltern und den Älteren einschärften.

Weil der Mandarin in seinem blinden Christenhass keine nennenswerte Anhängerschaft unter den Literaten, Beamten und Höflingen fand, griff er zum bewährten Mittel der Bestechung. Er ließ sein Geld spielen und schmierte einen Staatsrat und den übermächtigen Eunuchenklüngel.

Der größte chinesische Gelehrte der Mingzeit Paul Xu Guangqi (1562-1633) — „Doktor Paulus" —, der Kopf der christlichen Beamten (und spätere Kanzler des chinesischen Reiches), stand mutig zur Verteidigung der Jesuiten auf:

„Majestät, untertänigst bitte ich, die Werke der Jesuiten über Religion, Philosophie, Staatswissenschaft, Volkswirtschaft, Astronomie, Physik, Mathematik und Medizin streng prüfen zu lassen. Wenn nur die Spur einer Spur gefunden wird, dass die Patres eine Verschwörung oder einen Machtwechsel im Sinne hätten, wünschte ich, dass die Missionare und ich bestraft und verbannt würden."

Doch der unfähige Kaiser Wanli (reg. 1572-1620) hörte mehr auf die Einflüsterungen der von Shen gekauften Eunuchenbrut. Er wollte endlich seine Ruhe haben. Des lästigen unausgesetzten Zuredens müde, unterzeichnete er 1617 das Verbannungsdekret, dessen Wortlaut wir schon kennen und das im Telegrammstil besagt: Missionare raus!

Kaiser Wanli

Die beiden in Peking arbeitenden Jesuiten Diego de Pantoja (1571-1618) und Sabbatino de Ursis (1575-1620) wurden auf ehrenvolle Weise nach Kanton eskortiert, hier landeten sie im Kerker.

In Nanking hingegen ließ Shen Que die Jesuiten Alvaro Semedo (1585-1658) und Alphons Vagnoni (1568-1640) wie Schwerverbrecher mit Ketten um den Hals abführen. Er selbst erklärte: „Ihr seid des Todes würdig, aber ich schenke euch das Leben." Er ließ sie von Bütteln rücksichtslos prügeln.

Die rohen Schergen schlugen mit Stöcken der Priester Füße wund. Vagnoni konnte einen Monat lang nicht mehr auf den Beinen stehen. In Lumpen gehüllt, die Hände gefesselt, am Hals angekettet, wurden sie wie Raubtiere in einen Käfig gesperrt und nach Kanton verfrachtet, dem Hohn der Schadenfrohen entlang des Weges preisgegeben. Im Gefängnis von Kanton stießen sie auf ihre Mitbrüder aus Peking. Alle vier Patres wurden im Januar 1618 nach Macao abgeschoben.

Diego Pantoja, Sabbatino Ursis, Alphons Vagnoni und Alvaro Semedo wurden also außer Landes gebracht, die übrigen vierzehn im Lande weilenden Jesuiten, 8 Priester und 6 Brüder, konnten den Häschern des Himmelssohnes entkommen, sie verkrochen sich in sicheren Schlupfwinkeln, bessere Zeiten abwartend. Sie gaben sich der Hoffnung hin, dass der von Shen entfesselte Sturm der Christenjagd eines Tages abflauen würde. Zwei Jesuitenbrüder zum Beispiel verbargen sich in der Kapelle beim Grab P. Riccis.

Alvaro Semedo

In der Stunde der Not zeigte sich, dass die Jesuiten viele wackere Freunde im Volk und in der Beamtenschaft hatten, die die Gottesmänner aus Fernwest unter Todesgefahr versteckt hielten.

Im Untergrund frönten die Missionare nicht der Muße. Sie versenkten sich in die Bücher der chinesischen Literatur und Kultur.

Nach und nach kamen die Jesuiten vorsichtig aus ihrer Deckung hervor, nachdem ihr fanatischer Erzfeind Shen Que, der sich die Ausrottung des Christentums zum Ziel gesetzt hatte, im Jahre 1620 sein Amt verlor und entmachtet wurde. Sie wagten sich wie scheues Wild an die Öffentlichkeit, ohne Aufenthaltsbewilligung, die ihnen der Verbannungserlass entzogen hatte.

1620 war das Dreikaiserjahr: Wanli, seit 1572 auf dem Drachenthron, starb. Von dessen Nachfolger Taichang, den die Patrioten als Retter des Reiches aus dem Sumpf der Lotterwirtschaft begrüßten, erhofften die Jesuiten die Widerrufung des Ausweisungsbefehles. Doch Taichang regierte nur ein paar Wochen. Die korrupten Hofschranzen, die zu Recht um ihren Einfluss bangten, entledigten sich seiner durch Giftmord.

Schon unter Wanli war die Macht der Hofeunuchen, die ursprünglich simple Haremswächter und Kammerdiener waren, ins Unvorstellbare gestiegen. Der in der Kaiserburg abgeschirmte Wanli hatte sich mehr und mehr aus den Regierungsgeschäften zurückgezogen und die Macht in die Hände der ehrgeizigen und bestechlichen Kastraten gelegt, die eine

Willkürherrschaft verbreiteten. Die Befugnis beispielsweise, die Staatseinnahmen in den Provinzen einzutreiben, nutzten sie weidlich zur persönlichen Bereicherung und zur Tyrannisierung und Ausbeutung der Wohlhabenden. Der Machtmissbrauch schrie zum Himmel.

Der nächste Kaiser, Tianqi, besetzte von 1620 bis 1627 den Thron: ein verschüchterter, geistig beschränkter, haltloser Jüngling, der den Sinn seines Lebens in der Hobbyschreinerei und im Sinnestaumel suchte. Die Zügel der kaiserlichen Macht legte er in die fetten Hände des Obereunuchen Wei Zhongxian, einem Analphabeten. „Ohne dessen Erlaubnis getraute sich der Kaiser nicht einmal den Fuß zu bewegen", spotteten die Missionare.

Wei war ein größenwahnsinniger, verschlagener und skrupelloser Tyrann, der sich in seiner Selbstvergöttlichung im ganzen Reich Tempel errichten ließ und kultische Verehrung forderte.

Offizielle Wege unternahm er in der kaiserlichen Sänfte, begleitet von bewaffneten Leibgarden, Soldatenkolonnen und Musikkapellen. Die höchsten Beamten des Reiches, Minister und Staatsräte, mussten sich vor ihm in den Staub werfen.

Als er einmal den Minggräbern einen Besuch abstattete, ließ er die zwölf Meilen lange Wegstrecke, die er im Tragstuhl zurückzulegen hatte, mit gelbem Sand überziehen.

Unter dem Schreckensregime des finsteren und aufgeblasenen Eunuchen, der seine katzbuckelnden und unterwürfigen Schmeichler nach Strich und Faden begünstigte, wurde der zuvor entmachtete

Christenverfolger Shen Que 1622 zum Staatsrat ernannt. Er trieb es aber mit seinen rachsüchtigen Intrigen so arg, dass er noch im selben Jahr in Ungnade fiel und kein neues Unheil größeren Ausmaßes mehr anrichten konnte. Die Jesuiten atmeten auf. Der Widersacher war gestürzt, sein Vernichtungsfeldzug hatte die von Matteo Ricci und seinen Mitbrüdern eingepflanzte Kirche nicht zu entwurzeln vermocht.

Obwohl die Missionare nach wie vor keine rechtmäßige Zulassung im Reich der Mitte hatten, nahmen sie unauffällig wieder ihr apostolisches Werk auf.

Eine ernst gespielte Komödie

Die drei Jahre, die Adam Schall auf der Halbinsel Macao — seit 1557/58 Handelsstützpunkt der Portugiesen und Ausgangspunkt der Missionare für Ostasien — festsaß, nützte er, um die komplizierte chinesische Sprache zu erlernen, die sich wie der Wall der „Großen Mauer" vor jedem angehenden Chinamissionar schier unüberwindlich auftürmte. Im Grunde genommen musste er zwei Sprachen auf einmal lernen: die Umgangssprache und die Hochsprache („Mandarin" genannt) — die Literatensprache (der Bücher).

Adam Schalls Reisegefährte und Schicksalsgenosse Johann Schreck (Terrenz) war ein Sprachgenie. Er beherrschte neben seiner Muttersprache Deutsch noch Italienisch, Portugiesisch, Französisch, Englisch, Latein, Griechisch, Hebräisch und Chaldäisch. Doch selbst er klagte über das unfügsame Chinesisch: „Schon zwei Jahre beschäftige ich mich eifrig mit dieser Sprache, aber noch spreche ich sie nicht und noch verstehe ich ihre Bücher nicht. Ich habe in zwei Jahren noch nicht einmal 3000 Zeichen vollständig gelernt. Die Schriftzeichen fliegen im Kopf aus und ein wie die Tauben im Taubenschlag...“.

Mehr chinesische Schriftzeichen als das „Sprachwunder“ Terrenz dürfte sein Mitbruder Schall in der Wartezeit in Macao kaum gemeistert haben. 3000 reichten, um im Alltag zurechtzukommen und entsprachen dem literarischen Bildungsstand eines niederen Beamten, aber die Gelehrten beherrschten 40.000 Schriftsymbole — und mehr.

Den stürmisch nach China drängenden Adam Schall hielt es jetzt nicht mehr länger in Macao. Noch war das Gewitter nicht vorüber, aber er machte sich im Sommer 1622 zusammen mit den Mitbrüdern Rodrigo de Figueiredo, Pedro Ribeiro und Manuel Dias in Verkleidung auf den Weg ins Innere Chinas.

Adam Schall nannte sich fortan *Tang Ruowang.* Tang klang für chinesische Ohren ähnlich wie (A)dam und Ruowang wie Johann. Das Viermanntrüppchen der Jesuiten segelte unter glühender Sonne in Dschunken den Perlfluss und den Nordfluss aufwärts, zwischen dreckstarrende Planken gepfercht, bis sich vor den Eindringlingen das Gebirge auftürmte, das die Provinzen Guangdong und Jiangxi scheidet. Entlang der steinigen Meilingpass-Straße wimmelte es von Kulis, die an den Enden ihrer quer über die Schultern liegenden Bambusknüppel Lasten über den Berg schleppten, Körbe, Kisten, Säcke, Ballen, und den regen Warenhandel in Gang hielten.

Die Jesuiten mieteten Pferde, Sänften und Gepäckträger und erklommen mühsam die Passhöhe, zwischendurch rasteten sie in Herbergen. Vor Räubern und Dieben brauchten sie sich ausnahmsweise nicht in Acht zu nehmen, denn es patrouillierten ständig Soldatengarden auf der Bergstraße hinüber und herüber. Endlich durchschritten sie zwischen Felsschluchten das große Tor, das in die Provinz Jiangxi führte.

Jenseits des Berges vertrauten sie sich aufs Neue den Wasserstraßen an. Wochen und Monate verstrichen, die kühle Jahreszeit kündigte sich an. Um sich gegen den Biss der hereinbrechenden Kälte zu wappnen, mummelten sie sich in wattierte Kleider ein.

Es war grimmigster Winter, als Adam Schall Peking erreichte, und zwar am 25. Januar 1623. Zum Glück rüstete ganz Peking zum chinesischen Neujahrsfest. Niemand warf in dem Vorbereitungsfieber und in Erwartung der Feuerwerksspiele und der Freudenschüsse mit Knallbüchsen ein Auge auf den Fremdling, der durch das Xuanwu benannte Südwesttor der Nordstadt (Innenstadt) schritt und das Haus suchte, das, von Matteo Ricci 1604 unter Kaiser Wanli für die Kirche erworben, als Jesuitenniederlassung gedient hatte und das in der gegenwärtigen Verfolgungszeit von einem treuen Christen, der es vor der Zerstörung retten wollte, erstanden worden war.

Endlich, die Wälle der Hauptstadt sind erreicht!

Das geräumige Haus war in der Nähe des Xuanwu-Stadttores („Xuanwumen") durchaus zentral gelegen — nicht weit von den Ämtern und Ministerien entfernt. Im lärmenden Treiben der zur Einstimmung auf Chinesisch-Neujahr 1623 — dem Hochfest des Mondjahres — mit Lampions und Glücksfähnchen geschmückten Gassen fiel der langnasige Landfremde mit dem chinesischen Namen Tang Ruowang aber nicht auf, als er nach dem alten Jesuitenquartier Ausschau hielt.

Lange schon überlegten einflussreiche Freunde der Missionare hin und her, wie sie den Aufenthalt ihrer geistlichen Väter, die ohne Visum ständig in höchster Gefahr schwebten, legalisieren könnten. Doktor Paul Xu Guangqi (1562-1633) und Doktor Leo Li Zhizao (1565-1630) erdachten eine pfiffige Komödie.

Im Norden durchbrachen die Reiterheere der Mandschu oder Tataren, eines kriegerischen Steppenvolks, die Große Mauer und bedrohten die Sicherheit des Kaiserreiches. Der kopflose Hof wusste sich ihrer nicht mehr zu erwehren.

Da machten die genannten hohen Beamten Paul und Leo dem Hof den Vorschlag: Kaufen wir in Macao portugiesische Kanonen und laden wir die Jesuiten — „Männer von Tugend, Bildung und Tüchtigkeit" — als Wehrexperten ein.

Der Plan fand die Zustimmung des Kriegsministeriums und des Thrones, aber vorerst nicht die Billigung der Jesuiten. „Wir sind Männer Gottes, keine Kanoniere des Kaisers", erwiderten die Patres ihren Freunden.

Doktor Paul Xu Guangqi

Leo Li Zhizao lächelte verschmitzt: „Ihr braucht die Rolle von Militärsachverständigen nicht im Leben, sondern nur auf der Bühne zu spielen. Das Ganze ist eine Komödie. Ein Schneider braucht seine Nadel nur, um den Faden durch den Stoff zu ziehen. Wenn das Nähen beendet ist, legt er sie weg, er braucht sie nicht mehr. Ihr bedürft des Titels von Experten der Kriegskunst, um eine kaiserliche Genehmigung für eure Anwesenheit im Reich der Mitte zu bekommen. Wenn ihr eine Aufenthaltsbewilligung habt, wird es leicht sein, das Schwert zugunsten der Feder wegzulegen“.

Das den Jesuiten gewogene Kriegsministerium spielte mit, es lud zwei Jesuiten vor und stellte ihnen zwei Fragen.

Erstens: „Glaubt ihr, dass uns die Portugiesen Geschütze verkaufen werden?“.

Zweitens: „Könnt ihr Jesuiten Kanonen handhaben?“.

Die erste Frage beantworteten die Patres mit Ja, die zweite mit Nein. „Wir sind Fachmänner für Religion, nicht für Kriegsführung.“

Das Kriegsministerium hatte offensichtlich keine andere Antwort erwartet. Es ergingen Befehle, überall im Lande die Jesuiten aufzuspüren und nach Peking zurückzuberufen.

„Es bedurfte in der Tat keiner langen Suche“, schrieb einer der Jesuiten, „da die mit der Suche Beauftragten ganz genau wussten, wo sie waren.“

In der Hauptstadt erhielten sie die Genehmigung, in China Wohnung zu nehmen. „Und dort leben sie noch immer in Frieden und Ehren", schrieb zwölf Jahre später einer der Jesuiten, „ohne dass irgendjemand noch einmal ein Wort über Kanonen, Kriege oder Mandschu an sie richtete."

Der Historiker George H. Dunne kommentiert: „Die reizvollste Seite der Komödie war der Ernst, mit dem die Schauspieler ihre Rolle bis zum letzten Augenblick spielten."

Die amtliche Duldung der Jesuiten kam einem Widerruf des Verbannungsediktes gleich.

Im Bewusstsein der Sicherheit trat auch Adam Schall aus dem Schatten ins Licht.

Er freundete sich mit dem Finanzminister an, der im Banne der Sternkunde stand und den deutschen Jesuiten um eine Vorausberechnung der für den 8. Oktober 1623 erwarteten Mondfinsternis bat.

An die falschen Vorhersagen der chinesischen und muslimischen Astronomen gewöhnt, kam er ganz außer sich, als sich die Berechnung Schalls punktgenau erfüllte.

„Wahrhaftig", rief er aus, „China hat in diesem Jahrhundert zwei durch Wissenschaft und Tugend hervorragende Männer aufzuweisen. Der erste war Li Madou (= Matteo Ricci), der zweite seid Ihr. Ich wäre der glücklichste Mensch unter dem Himmel, wenn Ihr mich nach chinesischem Brauch als Euren Schüler aufnähmet."

Schall schlug das verlockende Angebot mit höflichen Dankesbezeugungen ab, ebenso das Offert, er würde ihm ein kaiserliches Stipendium für astronomische Forschungen besorgen.

Schall ließ sich nicht ablenken. Er musste hier und jetzt die chinesische Sprache studieren und konnte sich der Astronomie nur in der Freizeit widmen, die aber ausreichte, um zwei Bücher über Mondfinsternisse zu schreiben.

1625 lernte der „Sprachstudent" Schall den auf den Namen Philipp getauften kaiserlichen Beamten Wang Zheng kennen, einen der ganz großen Gelehrten seiner Zeit, der von Pater Trigault Latein gelernt hatte und dadurch imstande war, in lateinischen Buchstaben auszudrücken, wie chinesische Schriftzeichen ausgesprochen werden, also — wissenschaftlich gesprochen — die chinesische Phonologie zu latinisieren. Wang Zheng verfasste eigens für die Missionare eine Art Wörterbuch: „Xiru ermu zi" (Ohren und Augen als Hilfe für westliche Gelehrte), ein Werk, das als Lernbehelf für lateinkundige Sprachschüler unersetzlich war.

Wie waren die Ordensoberen mit dem Anfänger Adam Schall zufrieden? Ihr nach Rom gesandtes Zeugnis lautete: „Geistige Begabung gut, Urteilsvermögen gut, diplomatisches Geschick mittelmäßig, Erfahrung begrenzt, Fortschritte in der Wissenschaft gut. Temperament: natürlich gut, sanguinisch, fröhlich, noch nicht ausgereift. Er versteht mit Menschen umzugehen und sich schriftstellerisch zu betätigen, eignet sich aber noch nicht für den Posten eines Superiors."

Nach den Pekinger Lehrjahren von 1623 bis 1627 wurde Adam Schall als Seelsorger nach *Sianfu* gesandt.

Hier stand die Wiege der Kultur

In Sianfu (heute: *Xi`an*), Hauptstadt der Provinz Shaanxi [Shănxī], begann die berühmte Karawanenstraße, die China mit dem Westen verband. Sianfu war der Hauptlagerplatz der in malerischen Trachten und Turbanen mit Kamelen, Pferden, Maultieren und schwerbepackten Karren aus dem Vorderen und Mittleren Orient eintreffenden Händler, die in China unter anderem Rosinen, Teppiche, Baumwollstoffe, sarazenische Säbel, Salmiak, Jaspissteine, Diamanten und Pferde einführten. Wenn die Kaufleute aus Sianfu abreisten, führten sie vor allem Seidenstoffe, Rhabarber, Moschus, Tee und Porzellan aus. Freilich, sie durften im Reich der Mitte nur unter einem bestimmten Vorwand Handel treiben. Sie mussten zum Schein als Gesandtschaften ferner Reiche auftreten, die dem Himmelskaiser auf dem Drachenthron Tribut entrichteten. Der Kaiser entließ sie dafür gönnerhaft mit Gegengeschenken.

Diese glorreiche Stadt der Paläste, Parks, Theater und Vergnügungsplätze war zu Schalls Zeiten nicht mehr das, was sie einmal war. Sie trug die Male des Verfalls.

Unter den übriggebliebenen Denkmälern der glanzvollen Vergangenheit — hier stand die Wiege der chinesischen Kultur — befand sich ein Gedenkstein, der für das Christentum im Reich der Mitte von nicht zu überschätzender Bedeutung war. Der Standardvorwurf, der das Christentum traf, war: Es ist eine neue Lehre. „Neu“ war für China, das die Überlieferung über alles stellte, ein Schimpfwort. Die in

Sianfu 1623 entdeckte nestorianische Gedenksäule aus dem Jahre 781 bewies aber unumstößlich, dass das Christentum (nach der Konfession des Nestorius) schon über 8 Jahrhunderte vor Matteo Ricci durch Mönche und Kaufleute aus Persien in China Einzug gehalten hatte.

Die Volksstimmung in Sianfu war nichtsdestoweniger äußerst christenfeindlich, als der deutsche Priester 1627 anrückte. Er wurde mit Schmähungen empfangen. Doch Schall war nicht kleinzukriegen. Der Mann mit dem guten Herzen gewann bald Freunde in den Luxusvillen wie in den Elendshütten.

Bald wagte er sich an den Bau einer Kirche. Der befürchtete Aufschrei protestierender Mandarine blieb aus. Im Gegenteil, nichtchristliche Beamte spendeten Beifall und Geld für das Gotteshaus der Christen. Das Klima war wie durch Zaubermacht günstig für das Wachstum des Christentums geworden. Schall konnte in kurzer Zeit fünfzig Bekehrte taufen.

Was die Kirche Schalls über die Stadt Sianfu und die Provinz Shaanxi hinaus bekannt machte, war das vergoldete Kreuz, das sich über dem Gotteshaus erhob. Zum ersten Mal seit langem konnte unbehindert in der Öffentlichkeit ein Kruzifix errichtet werden. Es wurde das Ziel unzähliger Neugieriger aus nah und fern. Für die Chinesen im Allgemeinen war das Kreuz ein Zeichen der Torheit. Denn der Glaube an einen Gott, der hingerichtet worden war, hatte in ihren Augen etwas Lächerliches.

In der Astronomie blieb Schall auf dem Laufenden. In Europa hatte 1609 Galileo Galilei (1564-

1642) das Fernrohr konstruiert. Schall hat nicht nur ein Teleskop nach China gebracht, er hat 1626 in Sianfu ein wegweisendes Buch über die astronomische Anwendung des Fernrohrs in chinesischer Sprache geschrieben: „Yuanjing shuo" (= Über das Teleskop). Das „weithin schauende" (altgriechisch: teleskopos) Instrument erfreute in China nicht nur die zu den Sternen blickenden Astronomen des Observatoriums, es wurde zudem ein bevorzugtes Spielzeug der Kaiser auf dem Drachenthron.

In seinem Teleskop-Buch und in anderen astronomischen Schriften Schalls wurde den Chinesen die Vorstellung vermittelt, dass die Sonne um die Erde kreist. Hieß das nicht die Chinesen zum Narren halten, wenn doch Kopernikus (1473-1543) bereits 1543 behauptet hatte, dass die Erde um die Sonne kreist und eine Koryphäe wie Galilei dem kopernikanischen Weltbild mit der Sonne im Mittelpunkt (heliozentrisches System) zustimmte?

Galileo Galilei

Tycho Brahe

Warum machte Schall die sogenannte „koperni-kanische Wende" nicht mit? Dafür gibt es drei Gründe:

Erstens konnte die Wissenschaft mit Kopernikus und Galilei als Vorreiter das heliozentrische System damals noch nicht überzeugend beweisen. Es war eine wissenschaftliche Annahme. Es gab keinen zwingenden Grund, die kopernikanische Theorie zu akzeptieren.

Zweitens bekämpfte die katholische Kirche von 1616 bis 1757 die Lehre des Kopernikus, weil sie den Glauben zu gefährden schien, dass die Erde der Mittelpunkt der Schöpfung ist.

Drittens war die Frage für die chinesische Astronomie belanglos, weil sie bei der Kalenderberechnung keine Rolle spielte.

Zu Schalls Zeiten dominierte in der Astronomie noch die Theorie des genialen dänischen Astronomen Tycho Brahe (1546-1601), der ein Modell für unser Planetensystem aufstellte, das einen Kompromiss zwischen der geozentrischen und der heliozentrischen Weltsicht bot. Der Däne beließ die Erde als ruhenden Mittelpunkt der Welt. Nach Tycho Brahe drehte sich nämlich die Sonne um die Erde, die übrigen Planeten aber kreisten um die Sonne.

Das sind die Gründe, warum Schall und die Jesuitenastronomen in China das System Brahe einführten, das System Kopernikus aber nur als Idee erwähnten.

In der fernen Reichshauptstadt Peking rollten, während Adam Schall Pfarrer in Sianfu war, dramatische Ereignisse ab, die das ganze Kaiserreich erschütterten.

Der moralisch entartete Tianqi, der im Dreikaiserjahr 1620 den Drachenthron bestiegen hatte und dem charakterlosen Obereunuchen Wei Zhongxian das Zepter überlassen hatte, starb 1627, von seinen Orgien entkräftet. Vom Geschmeiß der Eunuchen beherrscht, die ihre Kassen füllten und die Staatsämter den Meistbietenden zuschanzten, hatte China seinen moralischen Tiefpunkt erreicht. Unbestechliche Beamte wurden hingerichtet. Das Reich war durch und durch morsch. Das Chaos drohte. Das hungernde Volk nährte sich zuweilen von Gras und Baumrinden. Es rumorte allerorten. Banditen mit ihren wilden Horden plünderten das Land.

Nach dem Tod des Kaisers Tianqi wollte sich der Obereunuch Wei selber von seinen Günstlingen auf den Drachenthron heben lassen. Doch seine Ränke misslangen.

Kaiser wurde der sechzehnjährige Chongzhen (reg. 1627-1644). Er sandte dem Volksschädling und Staatsfeind Nummer eins, Wei, unter dessen Knute sein weichlicher Bruder und Vorgänger gestanden war, eine Schnur. Wei verstand die diskrete Aufforderung des neuen Kaisers und erdrosselte sich 1627. Der Kaiser nahm der ruchlosen Eunuchenclique das Heft aus der Hand und entriss ihr Berge von Schätzen, die sie sich durch unsaubere Machenschaften angeeignet hatte.

Chongzhen, ein junger Mann mit hellem Kopf und redlichem Herzen, holte die würdigen Beamten, die sich unter der Eunuchendiktatur ins Privatleben zurückgezogen hatten, in die Staatsämter zurück, unter anderen Dr. Paul Xu Guangqi, der seit den Tagen Matteo Riccis der beste Freund der Jesuiten war: Paul Xu wurde 1629 stellvertretender Kultusminister, als solchem unterstand ihm das Astronomische Amt.

Er drängte den Kaiser, die längst fällige Kalenderreform den Jesuiten anzuvertrauen. Paul Xu druckte das zweibändige Werk Adam Schalls über die Mondfinsternisse, das der deutsche Jesuit seinerzeit während seiner Pekinger Lehrjahre geschrieben hatte, neu auf blütenweißem Papier und überreichte einige Exemplare dem Hof.

Der Kaiser, beeindruckt von der europäischen Astronomie, beauftrage Paul Xu, die Kalenderreform in Angriff zu nehmen und die beiden in Peking lebenden Jesuiten Terrenz (Schreck) und Longobardi als Sachverständige in das Astronomische Amt zu verpflichten.

Niccolo Longobardi

Kaiser Chongzhen (reg. 1627-1644)

Die Staatszeitung verkündete die Neuigkeit im ganzen Reich. Dadurch stieg die Wertschätzung der christlichen Religion in allen Provinzen. Über das vom Großvater des regierenden Kaisers gegen die Jesuiten erlassene Verbannungsdekret war Gras gewachsen.

Den in das Kalenderamt des Kaiserhofes berufenen großen Gelehrten P. Johann Terrenz (Schreck) — in China Deng Yuhan genannt — haben wir schon kennengelernt als „Schiffsarzt" und Lebensretter an Bord der Karavelle „Guter Jesus", die einst eine für China bestimmte Jesuitentruppe mit Adam Schall von Lissabon nach Goa befördert hatte. Johann Terrenz war ein Astronom von höchstem Rang, er war ein Freund der Pioniere der modernen Astronomie Johann Kepler und Galileo Galilei. Er hatte wie nicht bald jemand das Zeug zur Verbesserung des chinesischen Kalenders.

Doch kaum hatte er die Berechnungen begonnen, starb er — im 54. Lebensjahr. Die Jesuiten empfanden seinen Tod im ersten Augenblick als Katastrophe.

Da erinnerten sich die Verantwortlichen an den 38-jährigen vielseitigen Adam Schall, der in Sianfu höchstes Ansehen genoss. Wer sonst konnte Pater Terrenz ersetzen? Der Kaiser verfügte am 29. Juni 1630, Adam Schall und Jakob Rho (Luo Yagu) mit der Kalenderreform zu betrauen.

Schall war nicht nur Astronom und Mathematiker: er war ein Mann von hoher und universaler Bildung, interessiert an allen Wissensgebieten bis zur Zoologie. Er war ebenso firm in Bibel, Dogmatik und Kirchenrecht wie in den Naturwissenschaften, und in China bekam er zudem Gelegenheit, seine Fähigkeiten als Techniker und Künstler zu entfalten.

Als die Kuriere des Kaisers die Nachricht der ehrenvollen Berufung Schalls in die Mauern Sianfus brachten, erhob sich stolzer Jubel. Dass einer der „Ihrigen" erwählt wurde, den Kalender zu verbessern, gab Anlass zu überschwänglichen Lobreden und verschwenderischen Feiern.

Die Obrigkeiten der Stadt und der Provinz versorgten Adam Schall mit einer Sänfte, mit Zugvieh und mit Mundvorrat für die lange Reise, und sie ließen es sich nicht nehmen, ihn etliche Stadien weit zu begleiten und dem Scheidenden unablässig Glückwünsche zuzurufen.

Getarnt als Kohlenträger

Adam Schall traf im Winter 1630 in der Reichshauptstadt ein. Er verlor keine Zeit. Um keinen Staub aufzuwirbeln und die Astronomen der chinesischen und der muslimischen Schule nicht herauszufordern, arbeitete er verborgen in seiner Jesuitenklause, gemeinsam mit dem gleichaltrigen P. Jakob Rho (1592-1638).

1631 und 1632 konnte ihr Freund Paul Xu Guangqi, der dem Namen nach Direktor des Kalenderamtes war, dem Hof bereits grundlegende Ergebnisse seiner beiden Assistenten übermitteln.

Paul Xu war inzwischen zum Kultusminister und zum Staatsrat aufgestiegen und galt damals als der „erste Mann Chinas nach dem Monarchen".

Doch Adam Schall schaute nicht nur zu den Sternen auf. Eines Tages um die Mitte des Jahres 1633 schwärzte er sein Gesicht, seine Arme und Beine mit Ofenruß, bedeckte sich mit Lumpen, füllte Kohlen in einen Sack, den er auf seine Schultern lud. Unter der Last gebeugt, humpelte er wie ein Kuli durch die Gassen in Richtung Gefängnis.

Dass sich der deutsche Gottesdiener und Sterngucker für seine listige Eskapade als Kohlenlieferant tarnte, war naheliegend. Das Pater Adam sehr vertraute Fucheng-Stadttor bot jeden Morgen von 5 bis 7 Uhr ein eigentümliches Schauspiel: in endlosem Zug trotteten Kamele, mit Körben beladen, durch das Tor. Sie versorgten Peking mit Kohle. Die Kohle wurde in den westlichen Bergen in den Bezirken Mentougou und Fangshan gewonnen und zu Briketts gepresst.

Adam Schalls Knie schlotterten in der Rolle eines „Kohlenkamels", nicht nur auf Grund des Gewichtes des geschulterten Kohlensacks. Keinen Augenblick war er im Zweifel, dass er sein Leben aufs Spiel setzte. Er sandte ein Stoßgebet zum Himmel, atmete tief ein und trat auf die Gefängniswärter zu, unverständliches Zeug murmelnd. Die Wächter verstanden nur „Kohlen" und „Kommandant" und schlossen daraus, dass der Kuli dem Gefängnisdirektor Kohlen zu liefern beauftragt war. Wozu der Kommandant im Sommer Brennmaterial benötigte, war ihnen zwar schleierhaft, aber bitte: der kluge Mann baut vor. Mit devoten Bücklingen schob sich der Kohlenträger an den Wärtern vorbei und drang ins Innere des Gefängnisses vor.

In einem lichtlosen Verlies, das die Gefangenen mit Ungeziefer und Ratten teilten, traf er die Männer, die er suchte: den Vizekönig Ignatius Song und dessen Stabsoffizier Michael Zhang.

Vizekönig Ignatius Song war Befehlshaber einer Truppe gewesen, die an den Grenzen der Mandschurei gegen die Tataren kämpfte. Vergeblich hatte er den Thron angefleht, endlich den seit langem rückständigen Sold für seine Soldaten auszubezahlen. Doch die zuständigen Behörden ließen ihn im Stich, die Moneten flossen offenbar in die Taschen irgendwelcher schuftiger Höflinge.

Eines Tages riss seinen dreitausend Kriegern die Geduld, sie begehrten auf und meuterten. Der Vizekönig erhielt den Befehl des Hofes, die Revolte im Blut zu ersticken. Das lehnte er als Christ ab, er tat aber alles, um die Empörung mit friedlichen Mitteln beizulegen.

Da ihm das nicht gelang, wurde ihm befohlen, mit seinem Stabsoffizier Michael Zhang Dao, ebenfalls einem Christen, in Peking zu erscheinen.

Der feindliche Mandschuhäuptling bot ihm seine Freundschaft und eine hohe Stellung an. „Ich bin kein Hochverräter", erwiderte Ignatius Song und gehorchte dem kaiserlichen Befehl. Er stellte sich dem Kriegsgericht, das ihn und seinen Stabsoffizier zum Tod durch Enthauptung verurteilte.

Eineinhalb Tage verbrachte Adam Schall in dem kotigen, stickigen Kerkerloch, in dem die beiden Helden der Diensttreue auf die Vollstreckung des Todesurteils warteten.

„Wir haben alles unternommen und nichts unterlassen, mein Freund der Kultusminister Paul Xu und ich, um euch zu retten", rechtfertigte sich der Jesuit. „Unser Protest nützte nichts. Der Kaiser persönlich wäre geneigt gewesen, euch zu begnadigen, aber die

Justizbehörden malten den Zusammenbruch der Sitte und Ordnung an die Wand, wenn die Befehlsverweigerung gegenüber dem Kaiser nicht mehr mit dem Tod bestraft würde."

Doch die beiden Todgeweihten waren glücklich, dem Priester beichten zu können, der sein Leben gewagt hatte, um ihnen für die letzte Reise die heilige Wegzehrung zu bringen.

Beim Verlassen der Todeszelle war der Priester wieder der Kuli in schäbigen Fetzen, der sich keck, aber mit unterwürfigem Kniefall an den inzwischen ausgewechselten Wachtposten vorbeischmuggelte. Wie am Vortag war sein Passierschein der Kohlensack auf dem Rücken, der jetzt allerdings leer war. Um zu verhüten, dass der Wachsoldat eine dumme Frage stellte, witzelte der Kohlenträger: „Nun habe ich dem Kerkermeister gehörig eingeheizt."

Das verschlug ihnen den Atem

Solange Schall und sein Assistent Rho im Geheimen das Reformwerk des chinesischen Kalenders betrieben, ging alles gut. Als sie jedoch die stille Abgeschiedenheit der privaten Studierstube verlassen und auf der Sternwarte öffentlich schalten und walten mussten und neben der Jesuitenresidenz eine astronomische Akademie zur Heranbildung chinesischer, in der europäischen Wissenschaft geschulter Astronomen errichteten, rotteten sich die in ihrer Ehre gekränkten chinesischen und muslimischen Astronomen zusammen und sagten voll Neid und

Hass dem Jesuiten aus Deutschland den Kampf auf Biegen und Brechen an.

Kopf der Verschwörung gegen Adam Schall war ein alter Scharlatan namens Wei Gong, ein erbitterter Christenfeind, der Himmel und Erde in Bewegung setzte, um den Jesuiten zur Strecke zu bringen und selber mit der Kalenderverbesserung betraut zu werden.

Schall schrieb damals in einem Brief: „Wei Gong besitzt mächtige Freunde am Hof, denen es missfällt, dass die ehrenvolle Aufgabe der Kalenderreform uns Ausländern anvertraut wurde. Sie leisten unseren Gegnern jegliche Hilfe, sowohl durch ihren Einfluss als auch durch ihr Geld."

In Bittgesuchen flehte Wei Gong den Kaiser an, die Erneuerung des Kalenders einem ebenso fähigen und geschickten Landeskind (er meinte sich) anzuvertrauen. Es gereiche dem Kaiser und dem Reich zur ewigen Schande, wenn Barbaren den Chinesen vorgezogen würden.

Doch die größte Stütze des Christentums im Reich der Mitte, Dr. Paul Xu, Minister, Staatsrat und rechte Hand des Kaisers, hielt als Direktor des Astronomischen Amtes die gehässigen Gegenspieler Adam Schalls in Schach.

Der Jesuit schlug seinem Freund Paul vor, den Quertreiber Wei Gong in die Akademie aufzunehmen, damit er am Ruhm des Kalenderwerkes mitnaschen könnte. Das würde ihm den Wind aus den Segeln nehmen.

Xu erfüllte den Wunsch seines Freundes, sagte aber voraus, dass unter dem Fell des besänftigten

Lammes ein schlauer Fuchs zum Vorschein kommen würde, der die Patres wohl die Arbeit machen ließe, aber die Ehren voll und ganz selber einzuheimsen gedächte.

Paul Xu kannte seine Pappenheimer. Seine Befürchtungen waren allzu berechtigt. Der greise Schwätzer machte die Patres schlecht und schrieb sich selber alle Verdienste zu.

Paul Xu ging jetzt von der Verteidigung zum Angriff über: Er lud mehrmals, wenn eine Sonnen- oder Mondfinsternis bevorstand, alle unzufriedenen und neidischen Astronomen aus dem ganzen Reich, die sich an der Reform des Kalenders zu beteiligen wünschten, nach Peking ein, um zu einem friedlichen Wettkampf anzutreten und in der Streitfrage die Sterne selber entscheiden zu lassen. Wie die Jesuiten mussten alle ihre Vorausberechnungen dem Kaiserhof übergeben.

Am Tag der Finsternis versammelten sich jeweils alle auf der Sternwarte, um gemeinsam die Himmelsvorgänge zu beobachten.

Die chinesischen Astronomen wurden dabei regelmäßig des Irrtums überführt und machten sich aus dem Staub. Nur Wei Gong gab nicht auf.

Die Lage änderte sich schlagartig mit dem Tod Dr. Paul Xus am 8. November 1633. Obwohl sich Wei Gong, unterstützt von seiner Hofclique, vehement um die freigewordene Direktorenstelle im Astronomischen Amt riss, erfüllte der Kaiser den letzten Willen Dr. Paul Xus und legte die Organisation des Kalenderamtes in die Hände des Christen Dr. Petrus Li Tianjing.

Kalenderreformer Adam Schall

Dr. Petrus Li entpuppte sich aber trotz seines guten Willens rasch als Zauderer und Zögerer, als wan-
kelmütiger Schwächling, der es allen recht machen
wollte und jeder klaren Entscheidung auswich. Er
war — nach Schalls Bewertung — dem Kalenderwerk
kein Vater, sondern ein Stiefvater. In seiner Furcht-
samkeit gab der friedliebende Petrus Li stets nach,
wich zurück, beugte sich.

Bald tanzte Petrus Li nach der Pfeife seines aufgeblasenen Nebenbuhlers — der sich übrigens als
Lehrmeister Lis bezeichnete. Li bat den Hof, seinem
Widersacher Wei eine eigene Sternwarte und astronomische Akademie zu errichten.

Chinesischer Hofastronom

Der Kaiser schloss daraus, dass die Kalenderreform Petrus Li über den Kopf wachse, und schenkte dem selbstbewussten Wei Gong die Gunst. Er baute ihm und seinem Klüngel eine kostspielige Sternwarte und besoldete ihn samt Anhängern reichlich auf Staatskosten.

Schall und Rho hingegen mussten mit wenig Geld auskommen.

Paul Xu hatte ihnen aus seiner Privatschatulle einen Notgroschen zugewendet, damit sie wenigstens so recht und schlecht leben konnten. Seit dem Tod ihres Gönners darbten sie regelrecht. Noch auf seinem Sterbebett hatte Paul Xu den Kaiser auf die Hungerlöhne der Jesuiten hingewiesen, aber eine Gehaltserhöhung blieb zunächst aus.

Die kaiserliche Knausrigkeit schmerzte Schall nicht. Humorvoll verwies er auf seinen Namenspatron Adam, der es nicht besser hatte: „Ich müsse eben wie Adam im Schweiße meines Angesichts mein Brot verdienen. Das härtet mich ab an Leib und Seele."

Im Jahre 1634 übersandte Adam Schall dem Himmelssohn verschiedene astronomische Geräte, um dem Kaiser die Möglichkeit zu bieten, sich in seinem abgeschirmten Palast selbst ein Urteil über die Fehde der astronomischen Schulen zu bilden. In solchen Fällen vergütete der Hof freilich den Materialwert der Instrumente. Es handelte sich um ein spektakuläres Fernrohr mit vergoldetem Gestell und kupfernem Zubehör, geschenkmäßig in gelbe Seide gepackt, um einen Himmelsglobus aus vergoldetem Erz, ausgerüstet zur Erkundung der Stunden in der

Nachtzeit mittels der Sterne, und um eine horizontale Sonnenuhr, deren Zeiger ein goldener Drache hielt, auf einem Marmorsockel. Der Kaiser bewunderte vergnügt die sternkundlichen Apparate und ließ sie innerhalb der ersten Palastmauer in der Gelben Stadt aufstellen.

Das war indessen nicht im Sinne der Patres, die es darauf angelegt hatten, direkt unter den Augen des Herrschers eine astronomische Station zu errichten, die der Kaiser bequem und gemächlich benützen konnte, wenn er Lust und Laune empfand, ohne sich umständlich in die Gelbe Stadt begeben zu müssen.

Adam Schall nahm mannhaft sein Herz in beide Hände und empfahl dem Kaiser ehrerbietig, aus Anlass einer nahenden Sonnenfinsternis die Instrumente innerhalb der dritten Palastmauer in der Purpurstadt zu installieren.

Den Jesuiten verschlug es den Atem, als sie hörten, dass der Kaiser nicht nur ihrem Plan zugestimmt hatte, sondern darauf bestand, dass sie höchstpersönlich die Platzierung der astronomischen Gerätschaft in der Purpurnen Stadt überwachten. Das war noch nie dagewesen, dass Fremde in das allen außer den Eunuchen und Hofdamen verschlossene Herz des allerheiligsten Bezirkes eindringen durften. Eine imposantere Auszeichnung war kaum denkbar. Nach getanem Werk wurden den Patres Schall und Rho erquickende Delikatessen von der kaiserlichen Tafel gereicht.

Wiederholt beobachtete der Kaiser in der Folge mittels der Instrumente Sonnen- und Mondfinsternisse, wobei er sich persönlich überzeugen konnte, dass nur die von den Jesuiten eingereichten Berechnungen jeweils zutrafen.

Doch die Starrköpfe um den hinterlistigen Wei Gong gaben ihren Widerstand nicht auf. Eines Tages teilte Schall dem Kaiser mit, dass der Jupiter zwischen den „Asellen" (2 Sterne im Gestirn des Krebses) durchgehen und in umgekehrter Bewegung zurückgehen würde. Für die abergläubischen Chinesen war das eine gefürchtete Himmelserscheinung, die einen Brand der Hauptstadt oder des Kaiserpalastes heraufbeschwören könnte.

Um sich beim beunruhigten Kaiser lieb Kind zu machen, zieh Wei Gong die Jesuiten des Betrugs. In Wahrheit wäre, so ergäben seine Tabellen, keineswegs mit dem verhängnisvollen Durchgang des Jupiters durch die Asellen zu rechnen.

Der Kaiser beauftragte zwei als Hofastronomen im Palast beschäftigte Eunuchen, die Himmelsvorgänge zu beobachten. Adam Schall behielt recht, aber die Halbmänner waren Bundesgenossen Wei Gongs und informierten den Kaiser falsch.

Ein bedauerlicher Unfall rettete das Ansehen der europäischen Astronomie. Am Tage nach der dem Kaiser verschwiegenen Himmelserscheinung entzündete sich in Peking ein Pulverfass, die Explosion tötete über fünfzig Menschen und zerstörte eine Reihe Häuser. Durch dieses Unglück eingeschüchtert, gestanden die Eunuchen reumütig und beschämt, dass sie böswillig die Wahrheit entstellt und den Kaiser und das Volk hinters Licht geführt hätten.

Nach siebenjähriger Arbeit der Jesuiten und ihrer chinesischen Mitarbeiter war endlich der reformierte Reichskalender vollendet. Das Werk, das den Titel „Chongzhen lishu" (= Kalender-Enzyklopädie der Chongzhen-Regierung) trug und 137 Bändchen umfasste, wurde dem Kaiser am 28. Februar 1634 vorgelegt. Die amtliche Einführung des Kalenderwerkes wurde aber noch hinausgeschoben.

Am 27. April 1638 starb P. Schalls Genosse, P. Rho, ein fähiger Astronom, Physiker und Ingenieur. Um seine Verdienste im Nachhinein zu würdigen, schenkte der Kaiser den Jesuiten 2000 Tael. Das Monatsgehalt P. Schalls erhöhte er in Dankbarkeit für die Pionierleistung der Kalenderreform auf zwölf Tael.

Mehr als alles Geld der Welt wog aber in China eine kaiserliche Ehrentafel. Es gab im Reich der Mitte keine größere kaiserliche Gunst, als vom Himmelssohn mit einer Ehrentafel bedacht zu werden, deren Worte und Schriftzeichen der Kaiser höchstpersönlich wählte, die dann von Künstlern in Goldfarbe auf eine mit Drachenornamenten verzierte Tafel gezeichnet wurden. Bei Adam Schall entschied sich der Herrscher auf dem Drachenthron für die Inschrift: „Ich, der Kaiser, lobe und schütze die Lehre vom Himmel."

Vier Herolde führten den Zug an, der sich am 6. Januar 1639, dem kirchlichen Fest der Heiligen Drei Könige, vom Palast in Richtung der Jesuitenresidenz mit Pauken und Trompeten in Bewegung setzte. Der Überbringer der Ehrentafel war ein hoher Würdenträger des Hofes, in rote Galagewänder gekleidet, hoch zu Ross, gefolgt von Spitzenmandarinen der Hauptstadt. Alle Straßenpassanten, ob hoch oder niedrig, sanken angesichts der Adam Schall gewidmeten kaiserlichen Ehrentafel in die Knie. Eine Reiterschwadron schloss die feierliche Abordnung des Hofes ab. Im Nu war ein Volksauflauf im Gange.

In der Jesuitenniederlassung wartete gerührt Adam Schall. Die Ehrentafel wurde von den Jesuiten, zusammen mit Dr. Petrus Li und den uniformierten Beamten des Kalenderamtes sowie den Studenten der astronomischen Akademie mit tiefen Verneigungen empfangen und zunächst im festlichsten Saal des Jesuitenhauses und später auf einem Triumphbogen vor der Pforte postiert.

In alle katholischen Missionsstationen Chinas wurden beglaubigte Kopien der kaiserlichen Ehrentafel gesandt, dort ausgestellt und von den Ortsmandarinen geehrt.

„Ich, der Kaiser, lobe und schütze die Lehre vom Himmel.“

Weder die Christen noch die Nichtchristen zweifelten, dass unter Lehre vom Himmel nicht allein die Astronomie zu verstehen wäre, sondern ebenso das Christentum.

So lockerte das astronomische Werk Adam Schalls in China das Erdreich für die Aussaat der christlichen Lehre.

Prügelknabe der Polizisten

Über fünfzig Jahre wirkten die Jesuiten schon im Reich der Mitte, aber noch keiner, nicht einmal Adam Schall, hatte jemals den Kaiser zu Gesicht bekommen.

Da hielten Missionare anderer Ordensgesellschaften in China Einzug, die in ihrer Unerfahrenheit mit den „vorsichtigen" Jesuiten scharf ins Gericht gingen. Sie wollten hingegen „ohne Umschweife" schnurstracks dem Kaiser Aug in Aug gegenübertreten und das Reich der Mitte im Sturmangriff erobern.

Zwei von ihnen beschworen einen Skandal herauf, der sie das Leben gekostet hätte, wäre ihnen nicht der einflussreiche Schall zu Hilfe geeilt, der ihren Hals noch aus der Schlinge ziehen konnte.

Die beiden Heißsporne, die wie mittelalterliche Kreuzfahrer Peking in Besitz nehmen wollten, hießen Francisco de la Madre de Dios und Gaspar Alenda. Mit dreistem Heldenmut wollten sie sich in Begleitung von drei Dolmetschern, chinesischen Burschen, den Weg zum Drachenthron bahnen und dem sogenannten Himmelssohn die Hölle heiß machen. Sie betraten am 14. August 1637 ohne Erlaubnis die Hauptstadt des chinesischen Reiches. Das war ein Majestätsverbrechen.

Trotzdem nahm Adam Schall sie auf, er machte sich dadurch selbst strafbar. Sie drohten, dass die Spanier das widerspenstige China notfalls mit Waffen erobern könnten, und forderten, dem Kaiser persönlich vorgestellt zu werden.

Rasch war die Polizei zur Stelle, um die Gäste Schalls zu verhören. Die chinesischen Dolmetscher wurden ohne Federlesen gefesselt und in den Kerker geworfen.

„Ihr seid unerlaubt im Reich der Mitte eingedrungen", warfen die kaiserlichen Ordnungshüter den fremden Störenfrieden vor.

Die Angeklagten erwiderten mit entflammter Seele, das Kruzifix erhebend: „Es gibt nur einen Gottmenschen Jesus Christus, den Gekreuzigten, dessen Bild wir in der Hand halten".

Die Gendarmen wiederholten die Anklage: „Ihr seid unerlaubt in das Reich der Mitte eingedrungen."

Die beiden spanischen Mönche antworteten nicht, sondern setzten ihre Predigt fort: „Ihr verblendeten Schergen des Teufels geht in die Irre, wenn ihr nicht an das Geheimnis der heiligsten Dreifaltigkeit und an die Fleischwerdung, den Tod und die Auferstehung Christi glaubt. Eure Religion ist die des Teufels, der euch geradeaus in die Hölle führt."

Die Polizisten nahmen den in ihren Augen arroganten Lümmeln, die sich keinen Deut um chinesische Höflichkeit scherten, das Kruzifix aus der Hand.

Es drohte ihnen die Todesstrafe.

Adam Schall setzte alle Hebel in Bewegung, um die beiden vor einem Gerichtsprozess zu bewahren, der unweigerlich ihr Leben gekostet hätte. Dank seiner guten Beziehungen und 70 Tael Bestechungsgeld gelang es dem Jesuiten, dass Francisco de la Madre de Dios und Gaspar Alenda auf einem staatlichen Schiff abgeschoben wurden, ohne dass man ihnen ein Haar gekrümmt hatte.

Adam Schall schilderte den unliebsamen Zwischenfall mit den beiden naiven Missionaren seinem in Macao stationierten Freud P. Alexander de Rhodes, einem ehemaligen Studienkollegen aus der römischen Zeit, am 8. November 1637 in einem Brief mit sarkastischem Unterton. Schall hatte ein leicht reizbares Temperament, seine Neigung zu Spott war eine Charakterschwäche. Er wehrte sich manchmal mit dem Stachel der Ironie wie in dem Brief an P. Rhodes.

„... Da kamen in die Hauptstadt zwei Patres, die entschlossen waren, entweder Märtyrer zu werden oder den Kaiser von China und sämtliche Chinesen obendrein zu bekehren. Keiner von ihnen konnte chinesisch sprechen. Beide trugen ihre Kutten. Jeder hielt ein Kruzifix in der Hand und wollte anfangen zu predigen. Sie kamen per Sänfte und wurden von drei chinesischen Burschen begleitet.

Unser P. Vizeprovinzial übertrug mir die Sorge für sie. Ich ging ihnen entgegen, um sie noch außerhalb des Stadttores zu empfangen, und erklärte ihnen ruhig, aber ernst, weshalb sie klug und friedlich vorgehen sollten. Ich hatte aber nicht viel Erfolg. Sie redeten aufgebracht und ärgerlich auf mich ein.

Ich nahm sie dann mit zur Begräbnisstätte unseres Paters Matteo Ricci und versagte ihnen nichts, was die Brüderlichkeit gebietet, gab ihnen Zimmer und die Mittel zum Zelebrieren der heiligen Messe, usw.

Hier in China gibt es Tausende, die ihren Lebensunterhalt durch das Zutragen von Nachrichten verdienen. Und so wurde die Ankunft der Fremden durch einen Spitzel sofort den Behörden mitgeteilt, die nach ihnen schickten, um sie festnehmen zu lassen.

Die Polizisten machten mich zum Prügelknaben. Ich wurde beschuldigt, mit barschen Worten angefahren, gepufft und herumgestoßen und die ganze Nacht vom Schlaf abgehalten. Was die Patres betrifft, so kam ihnen damals kein Gedanke ans Martyrium. Sie über-

gaben ihre Kruzifixe unter wenig oder gar keinem Protest.

Ich verwandte die ganze Diplomatie, die ich in Italien erlernt hatte, auf den Versuch, sie zu befreien. Mit Hilfe einiger Bestechungsgelder überredete ich Beamte, sie nicht vor die höheren Gerichte zu schleppen. Sie begnügten sich damit, die beiden nach Fujian zu schicken, von wo aus sie nach den Philippinen zu segeln versprachen.

Die Patres unternahmen keinen Versuch, ihre drei chinesischen Burschen mitzunehmen, deren Festnahme und Fesselung sie tatenlos hatten geschehen lassen — wobei sie wohl wussten, dass ihre chinesischen Komplizen die Todesstrafe erwartete, weil sie ohne Genehmigung Ausländer in die Hauptstadt gebracht hatten. Es gelang mir aber, ihre Freilassung zu erwirken.

Die Patres hätte wohl der Tod erwartet, wenn den Behörden bekannt gewesen wäre, was unseren Dienern bekannt war, nämlich, wie häufig sie von der gewaltsamen Eroberung Chinas sprachen. Gewiss hätte man sie in Stücke gehackt, und ebenso wenig wären wir heil und ganz davongekommen.

Wir nahmen sie in unserem Haus auf, unser Personal bediente sie, und trotzdem sprachen sie mit unseren Dienern höchst abfällig über unsere Missionsarbeit, als ob sie allein den apostolischen Geist besäßen.

Das verzeihen wir ihnen als unseren älteren Brüdern.“

Der Weg der kulturellen Anpassung, den die Jesuiten eingeschlagen hatten und der den beiden einer andern Ordensfamilie angehörigen Mönchen ein Dorn im Auge war, erwies sich als richtig. Nein, es war kein Verrat am Glauben, wenn die Jesuiten dem Kulturvolk der Chinesen das Christentum nicht in der kulturellen Umkleidung des Westens brachten und nicht sämtliche abendländischen Kirchengebräuche im Reich der Mitte einführten.

Nicht die Verwestlichung der Missionierten, sondern die Entwestlichung der Missionare wies das Christentum glaubwürdig als universale Religion aus.

Jahrhunderte später konnte daher der große chinesische Staatsmann John Wu in ihrem Geiste erklären: „Das Christentum ist jenseits von Ost und West, jenseits von Alt und Neu. Es ist älter als das Alte und neuer als das Neue. Es ist mir heimatlicher als Konfuzianismus, Daoismus und Buddhismus, in deren Mitte ich geboren bin."

Grundsatztreue ja, aber nicht Starrsinn, heiliger Eifer ja, aber nicht Torheit. Das war der Grundsatz Adam Schalls und der Jesuitenmissionare im Reich der Mitte.

Christinnen in der Verbotenen Stadt

Alle sechs Reichsminister beehrten im Jahre 1639 die Jesuitenresidenz mit ihrem Besuch: der Innenminister, dem die Ernennung, Kontrolle, Beförderung und Degradierung der Beamten oblag; der Finanzminister; der Kultusminister, zuständig für die auswärtigen Angelegenheiten sowie für Kunst und Wissenschaft und die akademischen Staatsprüfungen; der Kriegsminister, dem neben den Streitkräften des Heeres und der Flotte noch das Postwesen unterstand; der Justizminister und der Minister für öffentliche Arbeiten.

Sie alle erwiesen den Heiligenbildern in der Jesuitenkirche ihre Reverenz. Die Kunde vom Besuch der Minister ging von Mund zu Mund.

Das Unglaublichste aber war, dass in der Verbotenen Stadt unter den von der Außenwelt abgeschnittenen Palastdamen, die lebenslänglich Gefangene in den Gelben Mauern waren, der Same des Evangeliums aufkeimte. Vornehme Hofdamen empfingen die Taufe, ohne je einen Priester gesehen oder gehört zu haben.

Es gab vier Klassen von Palastdamen. Die erste Klasse — die höchste Rangstufe — bestand aus zwölf Frauen, den vornehmsten, würdigsten, gebildetsten, denen es gestattet war, vor dem Kaiser zu sitzen und sich mit ihm zu unterhalten. Aus ihren Reihen bekehrten sich drei, also ein Viertel, zum Christentum: Donna Agatha, Donna Helena und Donna Isabella.

Donna Agatha war unter allen Hofdamen die erste, die der Kaiser ob ihrer Tugend und Klugheit am höchsten achtete. Sie beugte als Christin ihr Knie nicht, wenn der Kaiser im Burgtempel den Göttern sich zu Füßen warf und opferte. Sie setzte dabei ihr Leben aufs Spiel.

Donna Helena wiederum war die attraktivste unter den Ladys am Hof, die ihre Wohlgestaltetheit noch durch kostbare Ohrgehänge und erlesene Kleiderpracht zu unterstreichen verstand. Als Christin zähmte die schöne Helena ihre Hoffart und verzichtete auf Putz, Schmuck und Schminke.

Der zweiten Klasse der Hofdamen, die für die Garderobe des Kaisers zuständig war, gehörten vierzig Frauen an, darunter die Christinnen Luzia und Secunda.

Porzellan der Ming-Epoche

Aus der dritten Klasse der Hofdamen, bestehend aus dreißig Frauen, die speziell als Serviertöchter der kaiserlichen Tafel auftraten, waren vier Christinnen: Cäcilia, Cyrene, Cyria und Thekla.

Cäcilia hatte an einem Geburtstag des Kaisers die Ehre, dem Himmelssohn die Mehlsuppe und die Festtagsnudeln zu reichen. Das Unglück wollte es, dass sie in der Aufgeregtheit stolperte und den Inhalt der Terrine verschüttete. Für den chinesischen Aberglauben war das Missgeschick eine Strafe des Himmels, der Cäcilia öffentlich beschämt hatte, und Vorbote eines drohenden Unheils. Cäcilia, deren mangelhafte Sorgfalt das Malheur verschuldet hatte, hatte eine schwere Strafe des Kaisers zu gewärtigen.

Die geschockte Servierdame stand wie gelähmt da, bis ihr eine Glaubensschwester ins Ohr flüsterte, sie sollte Zuflucht zur heiligen Maria nehmen. Auf der Stelle gelobte sie in Gedanken, zweihundertmal den Rosenkranz zu beten. Der gewöhnlich unerbittlich strenge und harte Kaiser lachte plötzlich angesichts der peinlichen Geburtstagsbescherung. Er schalt und tadelte Cäcilia nicht einmal, er blickte sie gütig und freundlich an.

Ein Jesuitenbericht nannte die frommen Burgdamen die Blüte der Christengemeinde von Peking.

1637 gab es hinter den goldenen Gefängnisgittern des Kaiserpalastes 18 zum Christentum bekehrte Hofdamen, 1638: 21, 1639: 40, 1642: 50. Sogar eine Witwe des früheren Kaisers Tianqi trat zum Christentum über.

In der Verbotenen Stadt richteten die christlichen Palastdamen eine der Muttergottes geweihte Kapelle ein, in der sie gemeinsam beteten, aber freilich nicht eine heilige Messe hören oder die Sakramente empfangen konnten. Denn kein Priester durfte die Burgkapelle innerhalb der gelben Mauer jemals betreten.

Kein vollwertiger Mann war berechtigt, im Schatten des Kaiserpalastes zu leben. Mittler zwischen Pater Schall und den für immer eingeschlossenen Hofdamen konnte also nur ein Verschnittener sein, einer aus der normalerweise verabscheuten Sippe der Eunuchen.

In der Tat fand Adam Schall unter den Halbmännern einen Gehilfen, der es verdient, Apostel der Verbotenen Stadt genannt zu werden: Josef Wang (Wang Ruoshe). Er war einst Kammerdiener der Amme des früheren Kaisers gewesen, hatte ein geschliffenes Benehmen, ein bescheidenes Wesen und erfreute sich allgemeiner Beliebtheit im Palast. Der 1635 Getaufte war das Muster eines Christen. Er war es, der die Palastdamen unterwies und taufte. Wenn die Hofdamen ihrem geistlichen Vater Adam brieflich ihre Fehler und Sünden bekannten, wenn der Jesuit den Hofdamen geweihte Gegenstände, Rosenkränze, Reliquien und Medaillen sandte, war Josef Wang Postbote.

Die christlichen Hofdamen, die ihren Dienst in der Nähe des Kaisers und der Kaiserinnen versahen, schufen um den Drachenthron ein gesundes Klima mit klarer Luft, eine religiöse Atmosphäre, die den Himmelssohn günstig für das Christentum stimmte. Der Kaiser und die Kaiserinnen bewunderten die Eintracht und den Edelsinn der Christinnen, die sich im Sumpf der Hofkabalen nicht durch Streit und Eigennutz beschmutzten. Sie wirkten nicht nur durch ihr frommes Beispiel auf den Kaiser ein. Mehrmals forderten sie, aller Menschenfurcht widerstehend, den Himmelssohn offen auf, Christ zu werden.

Kaiser Chongzhen war ein ernster, unverdorbener Herrscher, sodass Adam Schall sich optimistisch in der Hoffnung wiegte, den größten Monarchen der Welt eines Tages für das Christentum gewinnen zu können. Der Drachenkaiser kam in der Tat nah an das Christentum heran. Er verbannte aus seinem Palast die Götzenbilder, kehrte sich von den buddhistischen Bonzen ab, erleichterte den Palastdamen und Höflingen den Übertritt zum Christentum, schützte die Christen in seiner Umgebung. Er legte sogar den Kaiserinnen ans Herz, der Lehre Christi zu folgen. Eine der beiden Gemahlinnen blieb eine beflissene Buddhistin, die beiden anderen sympathisierten mit dem Christentum.

Hofdame

Keineswegs war Adam Schalls Blick auf den Kaiserpalast eingeengt, so sehr auch die Bekehrung des Himmelssohnes sein Herzenswunsch war. Schall hatte als Missionar die Hauptstadt Peking und Umgebung, ja das ganze chinesische Reich im Auge. Unter den rund 70.000 Christen Chinas waren Hunderte Mandarine und Literaten.

Schall war nicht nur Astronom am Kaiserhof, er war zugleich Seelsorger im Raum Peking. Damals hatten der Rheinländer Schall und der Sizilianer Longobardi von Peking aus in und außerhalb der Metropole sechzehn Christengemeinden zu betreuen, die sich eines kräftigen Wachstums erfreuten.

Ein Beispiel: 1637 begab sich Schall in die Provinzstadt Hejian — 100 Meilen von Peking entfernt —, um zu predigen und 50 Katechumenen zu taufen.

Ständig liebäugelte Schall mit dem Gedanken, den Hofdienst aufzugeben und sich voll und ganz der direkten Verkündigung des Evangeliums hinzugeben.

Doch seine Mitbrüder — insgesamt wirkten in jenen Jahren in allen Provinzen des Landes 24 Jesuitenpriester und 3 Jesuitenbrüder, die pro Jahr an die 5000 Taufen spendeten — bestürmten ihn, im Dienst des Kaisers zu bleiben, denn von seinem Ansehen bei Hof profitierte die christliche Mission im ganzen Reich.

Der Vizeprovinzial Francisco Furtado ließ den Jesuitengeneral in Rom darüber nicht im Unklaren:

„P. Johann Adam", schrieb der Vizeprovinzial an die Ordensleitung, „der neben seinen gewöhnlichen missionarischen Arbeiten mit P. Jakob Rho sich so eifrig um die Verbesserung des Kalenders bemüht hat, verdient besondere Anerkennung und Ermutigung... Sicherlich ist unter allen menschlichen Hilfsmitteln vor allem dieser Arbeit die heutige günstige Lage der Mission zuzuschreiben."

Und ein andermal informierte Furtado den Ordensgeneral so:

„P. Johann Adam, der jetzt Oberer in Peking ist, hat vor Gott und der Gesellschaft sich große Verdienste erworben durch seine mathematischen Werke sowie durch seine Bücher über Gegenstände, die unmittelbar die Heidenbekehrung betreffen, sodann durch die Bekehrung der Palastdamen. Alles, was wir in diesem Reiche tun, hat P. Johann Adams Arbeit und Eifer, womit er unsere Sache in Peking vertritt, möglich gemacht."

Der Kaiser vergaß zu essen

Im dreizehnten Regierungsjahr des Kaisers Chongzhen, im Frühjahr 1640, entdeckten zufällig Höflinge, die die Speicher der kaiserlichen Schatzkammer nach etwas durchsuchten, ein fremdartiges Musikinstrument mit einer lateinischen Inschrift in goldenen Buchstaben: „Singet dem Herrn ein neues Lied!". Es war das verstaubte Klavichord (Vorläufer unseres Klaviers), das Matteo Ricci vor vier Jahrzehnten dem Kaiser Wanli, dem Großvater des jetzigen Herrschers, verehrt hatte.

Der darauf hingewiesene Kaiser brannte darauf, abendländische Musik zu hören, und sandte das Spinett zur Instandsetzung an Adam Schall. Schall ließ sofort aus Henan den fachkundigen Jesuitenbruder Christoph Xu Fuyuan kommen, um mit ihm das Instrument auszubessern und zu stimmen, nachdem sie silberne Saiten angefertigt und aufgezogen hatten. Schall, der in seiner Jugendzeit gerne Klavier gespielt hatte, schrieb Spielanleitungen in chinesischer Sprache, übersetzte Psalmen und komponierte Choralmelodien, um „mit Sang und Klang die christliche Lehre in den Palast einzuführen".

Die Rückgabe des Klavichords nahm Schall zum Anlass, dem Himmelssohn auf dem Drachenthron am 8. September 1640 zwei überaus kostbare Kunstwerke überreichen zu lassen, die der Herzog von Bayern, Kurfürst Maximilian I. (der während des damals in Europa tobenden Dreißigjährigen Krieges Haupt der katholischen Liga war) den Chinamissionaren gestiftet hatte.

Kurfürst Maximilian I., Gönner der Chinamission

Ein nobler Höfling brachte die in gold- und silberdurchwirkte Seidentücher eingeschlagenen Prachtgeschenke sofort in die Prunkgemächer des Kaisers.

Der Kaiser pflegte im Allgemeinen Geschenke nur flüchtig zu besichtigen und dann von einem Hausdiener in der Geschenkkammer abstellen zu lassen. Die Geschenke Adam Schalls jedoch nahm er mit zeremonieller Feierlichkeit entgegen, ließ sich Wasser reichen, um seine Hände zu säubern, und enthüllte majestätisch die Kunstwerke, die ihn nicht mehr losließen.

Das eine war ein auf Pergament gemaltes Leben Jesu mit 45 Bildtafeln, in Silberdeckel gebunden, auf denen die vier Evangelisten abgebildet waren. Gegenüber den Prachtgemälden, die die Hauptszenen des Lebens und Sterbens des Erlösers darstellten, standen zur Erklärung, in goldenen Buchstaben gedruckt, die entsprechenden Evangelientexte. Tausend Cruzados hatte ehedem in Lissabon ein Kirchenfürst offeriert, um das Werk an sich zu bringen. Doch es war unbezahlbar.

Schall hatte die Texte ins Chinesische übertragen und die chinesischen Schriftzeichen auf die Kehrseite der Bilder prägen lassen. Das Album mit dem illustrierten Leben Jesu — „Jincheng Shuxiang" — entrückte den Kaiser.

Das andere Kunstwerk war eine Wachsskulptur, die in lebensgetreuer Größe und Farbe die Anbetung des Jesuskindes durch die Heiligen Drei Könige darstellte.

Durch Donna Helena, der christlichen Palastdame der ersten Klasse, die Augen- und Ohrenzeugin der

Vorgänge war, erfuhr P. Schall später, dass sich der Kaiser vor dem aufgeschlagenen Buch und der Wachsskulptur niederließ und stundenlang in der Betrachtung der biblischen Szenen und der Huldigung der Heiligen Drei Könige versank. Dreimal gab Donna Helena dem Kaiser ein Zeichen zum Essen, er nahm es nicht wahr im Banne des Gottmenschen Jesus Christus. Plötzlich rief er die erste Kaiserin herbei, wies mit dem Zeigefinger auf das Kind in der Krippe und tat kund: „Er ist unendlich größer als alle unsere verehrten alten Heiligen, Weisen und Ahnen." Die Kaiserin fiel auf die Knie und neigte ihr Haupt.

In den nächsten Tagen beobachtete Donna Helena den Kaiser, wie er oft und oft bei der Lektüre des Bildbuches verweilte. Einmal sprang er empor, seiner Ausweglosigkeit inne werdend, schritt ruhelos auf und ab wie ein Raubtier im Käfig und seufzte mehrmals tief. Doch der von der Christenlehre Berührte war ein Gefangener des Hofzeremoniells, in einem Anflug von Verzweiflung sprach er vor sich hin: „Wer wird mir das alles erklären?"

Wer wird mir das alles erklären? Ein Aufschrei, der Schalls Herz aufwühlte.

Er entschloss sich daher auf der Stelle, eigens für den Kaiser einen Katechismus zu erarbeiten, geleitet von der Vision, dass Kaiser Chongzhen für das chinesische Reich das werden könnte, was Kaiser Konstantin einst für das römische Reich gewesen ist. Die sogenannte „Konstantinische Wende" führte bekanntlich dazu, dass das Christentum im Jahre 380 zur Staatsreligion erhoben wurde.

Die Bekehrung des chinesischen Kaisers im Auge, schloss Schall 1642 die vier Bändchen des ausführlichen Katechismus „Zhujiao yuanqi" (Ursprung und Fortschritt des Christentums) ab, der der Reihe nach die Grundlehren und Glaubensgeheimnisse des Christentums entfaltete: Gott, Seele, Schöpfung, Sündenfall, Vergeltung des Guten und des Bösen nach dem Tod, Inkarnation, Heil, Jesu Geburt, Leben, Leiden, Tod, Auferstehung und Himmelfahrt.

Das Thema „Kreuz" gipfelte in dem Hinweis auf den römischen Kaiser Konstantin den Großen, der

312 in der Schlacht an der Milvischen Brücke bei Rom im Zeichen des Kreuzes gegen die übermächtigen Truppen des heidnischen Usurpators Maxentius gesiegt hatte: „300 Jahre nach der Himmelfahrt des Herrn gab es einen König, der sein Land verloren hatte", schilderte Schall im Katechismus für den chinesischen Kaiser Chongzhen. „Um es zurückzugewinnen, sammelte er eine Armee. Dann sah er in der Luft das Zeichen des Kreuzes und daneben die Schrift »yi ci hao huo-sheng« (= »In diesem Zeichen wirst du siegen«). Der König folgte der Anweisung und ließ auf den Standarten und Rüstungen die Feldzeichen durch das Kreuzzeichen ersetzen. So besiegte er alle Feinde und eroberte das verlorene Gebiet zurück."

Das Kreuz, betonte Schall im Katechismus, wäre das mächtigste Instrument, um Dämonen zu besiegen, weswegen im Westen alle Könige das Kreuz auf ihrer Krone haben.

Die erhoffte Bekehrung des letzten Ming-Kaisers zum Christentum blieb aus. Es ist überhaupt fraglich, ob Chongzhen Schalls Katechismus im großen Chaos des Zusammenbruchs seiner Dynastie jemals bekommen oder gelesen hat.

Sein Lesepublikum hat der Katechismus dennoch in akademischen Kreisen gefunden, ebenso wie die beiden anderen religiösen Schriften Schalls: das Buch über das wahre Glück und die biblischen acht Seligpreisungen („Zhenfu xunquan", 1634) sowie das Werk über den Schöpfergott und die göttliche Vorsehung („Zhuzhi qunzheng", 1636).

Mandschureiter bedrohten das Kaiserreich der Ming

Ihr nichtsnutzigen Wichte

Der alte Jesuitenfresser Wei Gong war inzwischen gestorben, aber Wei Gong war nur eines der schnell nachwachsenden Häupter einer vielköpfigen Hydra, die den Eindringling Adam Schall vernichten wollte.

Schalls Rufmörder hatten ihre Komplizen unter jenen Eunuchen, die die von den Jesuiten gestiftete astronomische Station in der Purpurstadt betrieben. Diese Spießgesellen belogen und betrogen den Kaiser auf die niederträchtigste Weise, um Schalls Ansehen zu untergraben. Sie fälschten die astronomischen Berechnungen, benachrichtigten den Kaiser irreführend und gaben den „ungenauen" Instrumenten der Jesuiten und der „unbrauchbaren" europäischen Astronomie die Schuld an den Unrichtigkeiten.

Die Hinterlist der Schurken blieb nicht ohne Wirkung auf den in dieser Hinsicht urteilslosen und leichtgläubigen Kaiser, der aufgrund der angeblich dauernden Fehlleistungen der Instrumente Schalls den Mut verlor, den von den Jesuiten reformierten Kalender offiziell einzuführen.

Seine Verbundenheit mit Schall lockerte sich zusehends, er ließ sogar die Götzenstatuen, die er in einer aufflammenden Begeisterung für das Christentum aus dem Palast verbannt hatte, zurückbringen. Dabei stand die von den Jesuiten ausgerüstete astronomische Beobachtungsstation im Wege, sie wurde zerlegt und an anderer Stelle montiert.

Das war offensichtlich ein neuer böswilliger Streich der mit dem Jesuitenastronomen auf Kriegsfuß stehenden Eunuchen. Oder einfach eine himmelschreiende Unfähigkeit. Denn die falsch platzierten Instrumente mussten zwangsläufig irrige Ergebnisse liefern.

Der Kaiser wollte der europäischen Berechnungsart noch einmal eine Chance einräumen und beauftragte seine Hofastronomen, die für den 19. Oktober 1641 vorausgesagte Mondfinsternis sorgfältig zu beobachten. Diesmal brauchten die Eunuchen nicht zu schwindeln, um die Jesuitenastronomie in Misskredit zu bringen. Ihre Beobachtungen mit den unrichtig aufgestellten Instrumenten wichen von den dem Hof überreichten Berechnungen Schalls um eine halbe Stunde ab.

Der Kaiser, im Misstrauen gegen die europäische Wissenschaft gestärkt, entschied vorschnell: Es ist offenkundig, dass weder die chinesische noch die europäische Sternkunde gegen Irrtümer gefeit ist. Beide sind fehlerhaft.

Deshalb behalten wir einstweilen den alten Kalender bei nach unserem bewährten Grundsatz: Das Althergebrachte hat Vorrang vor dem Neuen, das Einheimische vor dem Fremden.

Zum Glück hatte es das für Adam Schall eingenommene Kultusministerium nicht eilig, der überstürzten Willensäußerung des Kaisers durch Veröffentlichung Gesetzeskraft zu verleihen. Die Behörde behielt das Dekret noch zurück.

Inzwischen wurde dem Jesuiten zugetragen, dass der Kaiser seinen reformierten Kalender als unsicheres und zweifelhaftes Werk verworfen hätte, weil die Instrumente der astronomischen Beobachtungsstation im Palast angeblich andauernd versagten.

P. Schall durchschaute die Zusammenhänge und bat den Leiter des Astronomischen Amtes, den uns schon bekannten Christen Dr. Petrus Li, dem Kaiser die Augen zu öffnen und zu melden, dass die Apparate vom richtigen Standort verrückt worden wären. Doch der Angsthase Petrus Li wankte und schwankte wie gewohnt, so dass Schall einen anderen Kanal suchen musste, um dem Kaiser ein Licht aufzustecken.

Der Himmelssohn, ins Bild gesetzt, zögerte keinen Augenblick, den Jesuiten zu beauftragen, die Instrumente präzise aufzubauen und einzustellen. Denn bei der für 3. November 1641 angesagten Sonnenfinsternis wollte er ein letztes, allerletztes Mal die Instrumente und die Berechnungsart der Jesuiten auf die Probe stellen.

Schon im Morgengrauen traf Schall vor dem Palast ein, erwartet von einer Unzahl von Eunuchen. Er wurde aber nicht eingelassen, denn der verhangene Himmel vereitelte bis auf Weiteres sein Vorhaben. Schall betete, Gott möge die Wolken zerstreuen oder den Kaiser bewegen, die Installierung der Apparate auf einen anderen Tag zu verschieben. Die Weisung des Kaisers, noch bis zehn Uhr zu warten, ließ ihn aufatmen. Um Punkt zehn Uhr öffneten sich ihm die Palasttore, aber der Himmel hellte und heiterte sich noch kaum auf.

An Ort und Stelle richtete Schall die Instrumente her und quetschte die Herren Hofastronomen aus, nach welchen Sternen sie sich jüngst bei der Himmelsbeobachtung orientiert hätten. Sie stammelten lauter dummes Zeug und gaben sich arge Blößen.

Schall nahm seine Magnetnadel zu Hilfe, um provisorisch die Instrumente in Stellung zu bringen und wies den Hofastronomen nach, dass sie die Station um über vier Grade versetzt hätten und dass das der Grund gewesen wäre, weshalb sie sich neulich um eine halbe Stunde verrechnet hätten.

Auf einmal brach die Sonne durch, sodass Adam Schall keine Mühe hatte, die wissenschaftlichen Geräte genau zu postieren. Schall, der ziemlich aufgebracht war, scheute sich, die Astronomen öffentlich des Betrugs zu verdächtigen, aber er legte ihnen lautstark krasse Unwissenheit zur Last. Der Jesuit war durchaus eines explosiven Grolls und Grimms fähig.

Ein kaiserlicher Geheimpolizist, der mit spitzen Ohren und scharfen Augen den Hergang des Geschehens überwacht hatte, setzte den Stümpern den Kopf zurecht: „Ihr nichtsnutzigen Wichte! Ihr brüstet euch mit den Namen von Mathematikern und Astronomen, Nichtswisser und Nichtskönner seid ihr. Ihr lügt der Welt die Kenntnis einer Kunst vor, von der ihr nicht die Spur versteht. Wie kommt der Kaiser dazu, euch Pfuscher zu versorgen und am Hof zu dulden!“

Während er den Hofastronomen eine Standpauke hielt, ließ er dem Jesuiten respektvoll einen »Cha« genannten chinesischen Trank, der sich im damaligen Europa erst langsam einzubürgern begann — nämlich Tee — reichen.

Unsichtbar hinter einem Vorhang war der Kaiser selbst Augen- und Ohrenzeuge der beschämenden Szenen, in denen sich seine Astronomen als Dummköpfe entpuppten. Adam Schall ahnte anfangs nichts von der heimlichen Gegenwart des Himmelssohnes. Er wunderte sich, warum ihm die Eunuchen dauernd mit ihren Händen und Augen Zeichen gaben, seine Stimme zu mäßigen, wenn er allzu lebhaft sprach, oder deutlicher zu reden, wenn seine Stimme besonders leise klang, bis er sich schließlich darauf einen Reim machen konnte.

Erst nachdem sich Adam Schall entfernt hatte, trat der Kaiser in Erscheinung und rüffelte seine Astronomen in scharfen Tönen. Zur Strafe durften sie die Sonnenfinsternis am 3. November nicht beobachten. Der Kaiser lud dafür Eunuchen anderer Palastämter ein, mit ihm auf seiner astronomischen Station das Himmelsereignis zu betrachten. Er konnte sich mit eigenen Augen überzeugen, dass die Berechnungen Schalls haargenau mit den Vorgängen am Firmament übereinstimmten und gab auf der Stelle den Befehl, den von den Jesuiten erarbeiteten neuen Kalender im ganzen Reich einzuführen und zu verbreiten.

Dazu kam es aber jetzt nicht mehr, denn der Drachenthron wankte.

Räuber und Rebellen

Kaiser Chongzhen war guten Willens, aber der Niedergang war nicht mehr aufzuhalten: die Zentralgewalt zerbröckelte, die staatliche Ordnung löste sich auf, die Macht der Ming brach zusammen. Massenarmut, Steuerlast, Naturkatastrophen — Dürren und Überschwemmungen —, Hungersnot, Pest, Aufstände von abgearbeiteten Bauern und Bergwerkern und marodierende Soldateska zersetzten das Reich im Inneren. Banditen ergriffen die Zügel des wütenden Mobs und errichteten regionale Terrorregime — zur Genugtuung der äußeren Feinde, der Mandschus, die im Norden anstürmten, um den Umsturz im Reich der Mitte zu beschleunigen.

Bauer

Wüterich Nummer eins: Li Zicheng (1605-1647): überall hinterließ er Wut und Blut. Die Geißel Chinas zog mit seiner entfesselten Soldateska durch das Land, plündernd, mordend, sengend. Der verwegene Haudegen, der sich seine Sporen als Räuberhauptmann verdient hatte, riss die Provinzen Henan, Shaanxi und Shanxi an sich, vereinte die Aufständischen in mehreren Landesteilen zu einer 300.000 Mann starken Armee und stieg zum revolutionären Volksführer empor, dessen Name der Kaiser nur mit bebenden Lippen aussprach. Die Macht des Rebellenkommandeurs gefährdete ernstlich die Sicherheit des Staates und den Thron.

Zur Verteidigung der alten Kaiserstadt Kaifeng Fu, die der Banditenführer 1642 ein halbes Jahr lang belagerte, befahl der Befehlshaber der todesmutigen kaiserlichen Truppen, alle Steindämme des Gelben Flusses zu öffnen, um die Terroristen zu ertränken. Doch Lis behände Reiterscharen entkamen den Fluten, während die Besatzung und die Bevölkerung — eine Million Menschen! — ihr Grab in den Wellen der Überschwemmung fanden, darunter der katholische Missionar der Stadt, P. Rodrigo de Figueiredo.

Li eroberte im Norden eine Festung nach der anderen. Eine Kurtisane brachte dem rauen und rohen Recken Diplomatie bei. Bisher hatte er nur Schrecken gesät. Unter dem Einfluss der Liebesdienerin war er darauf bedacht, Sympathie zu ernten.

Nachdem Li im Norden seine Herrschaft gefestigt hatte, erklärte er den Kaiser auf dem Drachenthron für abgesetzt und warf sich 1644 auf die Hauptstadt Peking.

Nurhaci, Häuptling und Kaiser der Tataren

Neben den Rebellen im Inneren bedrohten äußere Feinde das Reich: jenseits der Großen Mauer lauerten die Mandschu oder Tataren, ein kleines Jägervolk, von den ethnischen Chinesen — den sogenannten Han-Chinesen — als „primitiv" eingeschätzt.

Der große Nurhaci (1559-1626) hatte die umherziehenden, von innerem Hader zerrissenen Nomadenstämme und -sippen der Tataren zu einer Monarchie vereinigt. Der ehemalige Stammeshäuptling nahm den Kaisertitel an, stellte in stolzem Übermut die Tributzahlungen an das Reich der Mitte ein. Unverhohlen zeigte er seine Gelüste nach dem Drachenthron.

Seither erschütterten die Mandschu durch regelmäßige Einfälle in das Reich der Mitte das morsche chinesische Staatsschiff.

Einmal schon, 1629, waren die Reiterscharen der Mandschu, 100.000 Mann, plötzlich vor den Toren der chinesischen Reichshauptstadt erschienen, aus unerfindlichen Gründen belagerten sie aber die von kaiserlichen Truppen nahezu entblößte Stadt nicht.

Den brandschatzenden Invasionsheeren der Mandschu bereitete es wenig Mühe, Jahr für Jahr die Große Mauer zu überschreiten und die Ebene um die Hauptstadt mit Schwert und Feuer in Panik zu versetzen und von ihren Plünderungszügen mit reicher Beute heimzukehren.

China schien unfähig, sich gegen die ungeschlachten Horden aus dem Norden zu verteidigen: Die führende Schicht war im Luxus verweichlicht, das Volk hungerte und aß schon Gras und Baumrinden. Korrupte Generäle und Hofbeamte hatten den Eigennutz und nicht das Staatswohl im Auge, während die inneren und äußeren Feinde danach strebten, die Totengräber des Herrschergeschlechts auf dem Drachenthron — der seit 1368 (!) regierenden Ming-Dynastie — zu werden.

War die Katastrophe noch abzuwenden?

Feuerschlünde aus Erz

Der bedrängte Kaiser, Tag und Nacht sinnend, wie er den Ansturm der Räuberhorden Lis und der mit Pfeil und Bogen bewaffneten Mandschu-Reiter abwehren könnte, war plötzlich auf die Idee gekommen, den geschickten Jesuiten Adam Schall zum Retter des Vaterlandes zu küren.

Der Himmelssohn schickte an einem Julitag des Jahres 1642 seinen Kriegsminister in das Jesuitenhaus, um Adam Schall unauffällig auszuhorchen, ob er etwas von der Kunst, Feuerschlünde aus Erz herzustellen, verstünde. Kriegsmaschinen, wie die Portugiesen sie besaßen, Kanonen genannt, sollten die Wende herbeiführen und das Reich von seinen Todfeinden befreien.

Der völlig ahnungslose Schall tappte in die Falle des Hofes. Er plauderte aufgeräumt mit dem Minister über die Technik der europäischen Geschütze, über das Verfahren des Gießens und über das Mischungsverhältnis der Legierungen.

„Wenn ich recht verstehe, sind Erz, Blei, Kupfer, Zinn, Holz und Lehm für die Herstellung von Kriegsmaschinen erforderlich, Materialien, an denen im Reich der Mitte kein Mangel ist." — „So ist es."

Von einem Augenblick zum anderen zog der Reichskriegsminister ein Edikt mit dem Drachenwappen hervor: „Hiermit befiehlt euch der Sohn des Himmels, Feuerschlünde aus Erz zu gießen. Seine Majestät legt die Bewahrung des Reiches vor dem Untergang in Eure Hände, Tang Ruowang."

Das Waffenhandwerk ist nicht mein Beruf", empörte sich der Jesuit. „Mir fehlt jede praktische Erfahrung, unerprobtes Bücherwissen reicht nicht zur Fertigung von Geschützen." — „Das geht mich nichts an", verabschiedete sich der Minister. „Ich hatte nur den Befehl Seiner Majestät zu überbringen."

Schall reichte Bittgesuche ein, um den Kaiser umzustimmen. Seine Majestät möge geruhen, ihn, den Priester und Astronomen, mit der Rüstungsfabrikation zu verschonen. Doch der Himmelssohn ließ nicht mit sich reden. Er sah keinen anderen Ausweg mehr aus dem drohenden Chaos als die Wunderwaffe der ehernen Feuerschlünde.

Schall fragte sich und seine Mitbrüder, ob er als Bote des Evangeliums Waffen herstellen dürfte. Er unterwarf sich im Gehorsam seinem Oberen, der nach reiflicher Erwägung von allem Für und Wider zu der Entscheidung kam, dass es einem chinesischen Bürger, selbst wenn er ein katholischer Priester war, nicht verwehrt sein könnte, mit kriegerischen Maßnahmen Anarchisten, Banditen und Landesfeinde, die die Grundfesten des altehrwürdigen Kulturstaates zu zerstören im Begriff waren, abzuwehren und den rechtmäßigen Regenten, der seines Amtes keineswegs unwürdig war, zu verteidigen.

Mandschu-General

Das war ein Standpunkt, den in der damaligen Zeit niemand kritisierte. Zur Stunde erblickte darin keiner etwas Unvereinbares. Nicht in einem einzigen zeitgenössischen Bericht wurde ein Wort des Vorwurfs oder des Bedenkens laut, dass sich Schall nach anfänglichem Sträuben als Untertan des Kaisers schließlich dem Willen des Thrones beugte.

Der Herrscher wies dem Jesuiten innerhalb der Verbotenen Stadt ein freies Feld als Werksgelände an, ließ ihm die gewünschten Metalle verabfolgen und teilte ihm Mechaniker als Gehilfen zu.

Doch die Handwerker seines Mitarbeiterstabes, neidische Eunuchen, schadeten dem Unternehmen mehr als sie ihm nützten. Sie stahlen, wenn der Meister nicht am Platze war, nach und nach an die tausend Pfund Metall. Sie unterließen nichts, um das Werk zu sabotieren. Einmal verstopften sie ein noch ungeschliffenes Kanonenrohr mit einer Kugel, die Schall durch eine starke Pulverladung herausknallen musste, sodass der Kaiser durch die Detonation schlotternd zusammenfuhr und sich auf ein katastrophales Unglück gefasst machte.

Die ganzen Tage und die halben Nächte stand Schall am Feuer, um den — den Chinesen noch unbekannten — Metallguss zu überwachen.

Nachdem die ersten zwanzig Kanonen, für vierzigpfündige Kugeln konstruiert, fertig waren, wurden sie mit Mauleseln auf ein zwanzig Kilometer außerhalb der Stadt gelegenes Feld abtransportiert und dort in Gegenwart des Generalstabes eingeschossen. Die hohen Offiziere beobachteten die Generalprobe freilich aus gehöriger Entfernung, diese gefährlichen Kriegsmaschinen konnten doch bersten. Die Geschütze erwiesen sich als treffsicher. Die abgeschossenen Kugeln wurden von Reitern zurückgeholt.

Der Kaiser war begeistert von dem durchschlagenden Erfolg des Tests. Er nannte die Kanonen schwärmerisch „die unbesiegbaren hohen Kommandeure" und ordnete an, für das Schlachtfeld noch fünfhundert leichtere Feldstücke zu gießen, von denen keines mehr als dreißig Kilogramm wiegen dürfte, damit, wie der Himmelssohn wähnte, jeder Soldat im Falle eines Rückzugs seine Kanone auf den Schultern wegschleppen könnte.

Schall lachte aus voller Kehle, als ihm ein Eunuch den kaiserlichen Befehl überbrachte. Chinesische Soldaten, mokierte er sich, suchten zwar schnell ihr Heil in der Flucht, aber sie wären gewiss nicht so dumm, sich, wenn sie Reißaus nehmen, mit der Last eines Geschützes zu beschweren.

Die als Waffenschmiede eingesetzten Eunuchen bestellten im Namen Schalls 500.000 Pfund Erz und 40.000 Pfund Zinn, der Kaiser bewilligte alles. Schall selbst hatte jedoch nur ein Zehntel dieser Mengen als notwendig erachtet und angefordert. Der Jesuit kam den Falotten auf die Schliche und deckte den unverschämten Betrug auf, der in seinem Namen verübt werden sollte.

Zur selben Zeit wünschte der Kaiser Schalls Rat beim Bau von Befestigungsanlagen zur Verteidigung Pekings. Der Jesuit verfertigte ein Holzmodell eines Bollwerks, und zwar in Dreiecksform, um nach allen Seiten ein freies Schussfeld zu haben.

Das Modell fand den Beifall des Kaisers, der Schall auftrug, gemeinsam mit den Senatoren des Kriegsministeriums jene Stellen an den Stadtmauern zu bestimmen, wo die Verteidigungswerke errichtet werden sollten. Die Militärsachverständigen und Schall einigten sich im Handumdrehen.

Nachdem der Jesuit in die Stadt zurückgeritten war, wurde das Modell dem mathematischen Begutachter vorgelegt, der sich entsetzte: „Die Dreiecksform", tadelte der Geheimrat, „erinnert an die Gestalt einer Flamme. Das ist ein böses Omen, das den Brand der Hauptstadt heraufbeschwören würde. Der Priester und Astronom aus Fernwest ist offensichtlich ein Dummkopf, sonst müsste er wissen, dass ein dreieckiges Bollwerk unter dem unheil- und verderbenbringenden Einfluss des Planeten Mars gerät und eher dem Untergang als der Verteidigung der Stadt dient."

Das Orakel des Geheimrats verfehlte seine Wirkung auf die abergläubischen chinesischen Militärexperten nicht. „Welche Gestalt sollen wir also den Basteien geben?" fragte der verantwortliche Baumeister.

„Eine viereckige."

Eines Tages inspizierte Adam Schall den Fortschritt des Festungsbaues und war bestürzt, die Bollwerke in Vierecke umgestaltet zu sehen.

An einer Stelle hielt er sein Pferd an und sagte zu seinem Begleiter: „Wenn ich ein Räuber wäre, ich würde von hier aus binnen drei Tagen die Stadt erobern."

Genau an der Stelle, die Adam Schall mit dem Finger bezeichnet hatte, griffen später die Mannen des Räuberhauptmanns Li an, durchbrachen die Mauern und nahmen am dritten Tag Peking ein. Der Erfinder der viereckigen Befestigung war einer der ersten, der sein Leben verlor.

Die Rache der Eunuchen

Der Fall Pekings wurde durch Verrat besiegelt. Li lagerte vor dem Westtor der Südstadt. Die Südstadt war gleichsam die Vorstadt Pekings. Die Zinnen der Mauern waren bewehrt mit den von Schall gegossenen Kanonen, die der Räuberhauptmann wie die Pest fürchtete. Doch die Donnerrohre blieben stumm. Der Eunuch Zao, dem die Verteidigung des Westtors der Südstadt oblag, beging Verrat und öffnete dem Feind am 23. April 1644 widerstandslos das Tor.

Als dem Himmelssohn diese Treulosigkeit zu Ohren kam, schwang er sich in voller kaiserlicher Kleiderpracht auf ein Pferd, um in die Südstadt zu eilen und seine Garnison zum Widerstand anzufeuern. Doch seine eigenen bis auf die Zähne bewaffneten Soldaten traten ihm in den Weg und geboten ihm Halt.

Adam Schall sah ihn daraufhin in flatterndem Drachengewand an der Jesuitenresidenz vorbeigaloppieren, offensichtlich mit dem Vorsatz, durch das Osttor der Nordstadt zu fliehen. Doch bei dem Versuch, das Stadttor zu passieren und zu entkommen, wurde er von abtrünnigen Eunuchen unter Beschuss genommen, sodass er sich schutzlos in seine Burg zurückziehen musste. Nachdem ihn selbst seine Leibgarde in Stich gelassen hatte, machte er sein Schicksal von den Orakelstäben eines Wahrsagers abhängig.

Nach der kampflosen Einnahme der Südstadt (= Vorstadt) griff Li die Nordstadt (= Innenstadt) an. Er schlug drei Breschen in die Mauer just an der Stelle, die unlängst von Adam Schall als die schwächste bezeichnet worden war, und drang am 25. April mit seinen 300.000 Mann starken Horden in die Innenstadt vor. Li stürmte schnurstracks durch die Gelbe, die Violette und die Purpurne Mauer zur Kaiserburg, um persönlich den Sohn des Himmels festzunehmen. Doch der Drachenthron war verlassen, im herrenlosen Palast plünderten die Eunuchen die kaiserlichen Schatztruhen.

Li Zicheng

Li setzte auf die Ergreifung des Kaisers eine Belohnung von 100.000 Goldstücken aus, aber niemand wusste zunächst, wohin er entschwunden war.

Kaiser Chongzhen hatte — wir erinnern uns — bei seiner Thronbesteigung die Eunuchendiktatur gebrochen. Und er hatte den Halbmännern des Hofes unter anderem Millionen und aber Millionen Goldstücke und an die fünfzehn Schatztruhen voll Perlen und Edelsteinen, die sie sich widerrechtlich aus dem kaiserlichen Besitz angeeignet hatten, ohne mit der Wimper zu zucken entrissen.

Seither hatten die Eunuchen nichts anderes mehr im Sinn, als am Kaiser Rache zu nehmen. „In ihrer hündischen Wut" (so Schall) führten sie die Vernichtung des Kaisers und den Untergang des Herrschergeschlechtes der Ming im Schilde.

Das Heranrücken der Feinde bot ihnen also eine willkommene Gelegenheit, dem Kaiser durch eine Palastrevolution in den Rücken zu fallen. Die von 3000 Eunuchen befehligten 70.000 Soldaten, die zur Verteidigung Pekings eingesetzt waren, liefen rasch in das Lager des Rebellenführers über.

Der von allen Seiten verlassene Kaiser ließ das Orakel entscheiden. Er schloss die Augen, während ein Wahrsager drei verschieden lange Stäbe auf den Tisch legte, von denen der Himmelssohn blind einen ergreifen sollte. Hätte er den längsten gezogen, wäre er zum Kampf gegen Li angetreten, hätte er den mittleren gezogen, wäre er im Palast geblieben, um Li zu empfangen. Doch er zog den kürzesten Stab. Das bedeutete nach chinesischem Aberglauben, dass alles hoffnungslos verloren war.

In grenzenloser Verwirrung befahl er der Hauptkaiserin, sich zu erhängen. Dem ältesten Sohn (18) gebot er, den Purpur abzulegen und in Lumpenkleidern zu fliehen, um im Volk unterzutauchen. Sein fünfzehnjähriges Töchterlein, dem er die Schändung durch die Soldateska und das Los einer Sklavin ersparen wollte, versuchte er durch einen überraschenden Schwertstreich zu töten. Doch das Mädchen wich dem Hieb aus, so dass es wohl eine Hand verlor, aber das Leben behielt und entwischen konnte.

Der angetrunkene Kaiser selbst eilte zu Fuß zum sogenannten Kohlenhügel hinter dem Palast, stürzte in ein Gartenhaus, fügte sich am linken Arm eine Schnittwunde bei und schrieb mit seinem eigenen Blut auf den Saum des kaiserlichen Oberkleides: „Heil dem künftigen Kaiser Li! Ich bitte Dich aus tiefster Seele: Unterjoche mein Volk nicht und bediene Dich nicht meiner treulosen Berater."

Dann warf er die Insignien der kaiserlichen Würde und Macht von sich und erhängte sich mit einem Gürtel seines Gewandes an einem Dachsparren des Pavillons.

Schall trauerte: „So starb eines unwürdigen Todes dieser Monarch, der wohl der größte der Welt war und an Güte des Charakters keinem nachstand, ohne Gefährten, von allen verlassen, im Alter von 36 Jahren, ein Opfer seiner Unklugheit. Mit ihm erlosch die Dynastie der Ming nach einer Dauer von 276 Jahren. Zu meinem Schmerz folgte mir der Kaiser nicht, als ich ihm den Weg des Heils zeigte, aber er ließ das Christentum, das unter seinem Großvater nach China und an den Hof gebracht wurde, nicht nur bestehen, sondern lobte und förderte es sogar, zum größten Nutzen seiner Untertanen."

Gedenkstein auf dem Kohlenhügel:
hier nahm sich der letzte Ming-Kaiser das Leben

Li fand die Leiche des Kaisers nicht.

Das Heer der Räuber fiel wie eine alles kahlfressende Heuschreckenwolke über Peking her und plünderte den Palast und die reiche Stadt. Die Mordbrenner metzelten alle nieder, die ihren Weg kreuzten. Niemand getraute sich mehr auf die Straße. In unersättlicher Beutegier drangen sie in die Häuser ein, nötigten die Bessergestellten durch bestialische Misshandlungen zur Herausgabe ihres Kapitals und ihrer Wertsachen, taten den Frauen und Mädchen Gewalt an und quartierten sich ein, wo immer es ihnen beliebte.

Hunderte Pekinger legten in der Verzweiflung Hand an sich.

Schreckhaftigkeit zählte nicht zu den Schwächen Adam Schalls. Er war der einzige Jesuit, der beim Herannahen des Feindes in Peking geblieben war. Er handelte damit gegen den Befehl seiner Ordensvorgesetzten. Ohne Schalls „Dickkopf" hätte die mit der Hofastronomie verknüpfte christliche Mission in jenen Chaos-Tagen aber keine Chance gehabt, den epochalen Umsturz und Machtwechsel in China zu überleben.

Die beiden Pekinger Mitbrüder Schalls, P. Furtado und P. Longobardi, hatten sich durch Flucht aus der Hauptstadt rechtzeitig in Sicherheit gebracht.

Bei Adam Schall half alles Zureden seiner Oberen, doch den Ort zu wechseln, nichts. Er wollte als guter Hirte seine Herde nicht den Wölfen preisgeben. Er war entschlossen, das Schicksal der Christen Pekings zu teilen, selbst wenn das nicht der Wunsch und Wille seiner Superioren war.

Das Jesuitenhaus am westlichen Südtor machte den Plünderern den Mund wässerig, aber die Krieger schreckten jedes Mal zurück, wenn sie am Tor die Warntafel lasen: „Eintritt strengstens verboten. Das Haus ist schon besetzt.“

Wer die Verbotstafel angebracht hat, ist ein Geheimnis geblieben.

War es Adam Schall selber, dem ein solcher Schelmenstreich durchaus zuzutrauen gewesen wäre? Oder waren es Kommissare des Rebellenführers Li, der möglicherweise Interesse hatte, den Kanonenmacher zu schonen?

Schall machte in der Hölle von Peking unermüdlich Hausbesuche, um den Christen Mut zu machen. In einem Nachbarhaus verbargen sich 44 christliche Frauen, um der Entehrung zu entgehen. Das Haus wurde von starken Jungmännern mit Stöcken bewacht. Doch einmal glückte es mehreren wollüstigen Räubern, die Ausschau nach Weiblichkeit hielten, einzubrechen. Sie stellten das Haus auf den Kopf, durchstöberten jeden Winkel, übersahen aber die der Jungfrau Maria geweihte Hauskapelle, in der die verängstigten Frauen Zuflucht gesucht hatten und auf den Knien beteten.

Die Eindringlinge ergrimmten, als sie in dem geräumigen Haus kein einziges Frauenwesen antrafen, schlugen alles kurz und klein und zogen fluchend von dannen. Schall hörte das Pferdegetrampel der davonstiebenden Unholde, eilte hinüber und erfuhr die Geschichte von der wunderbaren Beschützung.

Li Zicheng, Rebellenkaiser

Li Zicheng, der mittlerweile die Kaiserburg bezogen hatte, schob den Tag der Thronbesteigung noch hinaus, obwohl die Astronomen den Tyrannen bestürmten, endlich den Tag der offiziellen Machtübernahme festzulegen. Gerüchten zufolge befiel den Thronräuber Schwindel, sobald er auf dem usurpierten kaiserlichen Drachenstuhl Platz nahm. Er fiel jedes Mal mit dumpfem Kopf und schweren Gliedern zu Boden, auf der Erde kriechend glich der benommene Rebellenführer eher einem Affen als einem Menschen, verlautete aus seiner Umgebung.

Der eigentliche Grund der Verzögerung der förmlichen Thronbesteigung dürfte aber gewesen sein, dass er sich seiner Macht noch nicht sicher fühlte, solange er den treuesten Feldherrn des verstorbenen Kaisers nicht bezwungen hatte, den fähigen General Wu Sangui, der an der Nordgrenze des Reiches die Mandschu zurückwarf und, als er die Botschaft vom Fall Pekings erhielt, zur Befreiung der Hauptstadt anrückte.

Eines Tages erschienen im Jesuitenhaus drei Adjutanten des Tyrannen Li und überreichten Adam Schall eine Vorladung. War das sein Todesurteil?

„Wo sind die Fesseln?" fragte Schall kalt. „Ich weiß wohl, dass in diesen Tagen die Leute nicht eingeladen, sondern gebunden und fortgeschleppt werden."

Beim Palast angekommen, wurde der Jesuit von feindseligen Eunuchen, die als erste ihre Segeln nach dem neuen Wind gedreht hatten, mit Hohngelächter empfangen: „Sei gegrüßt, Lehrer des göttlichen Gesetzes!"

Die Schmähenden zweifelten nicht, dass der neue Machthaber den Priester aus Fernwest als Schlachtopfer ausgewählt hatte. Schall wurde durch Folterkammern geführt, die von grausigem Stöhnen erfüllt waren. Entmenschte Knechte peinigten mit Marterwerkzeugen hohe Beamte des alten Regimes zu Tode.

Entsetzt, aber furchtlos trat Schall dem Tyrannen entgegen, der sich gerade bei Musik und Wein von zierlichen Tänzerinnen unterhalten ließ.

„Du bist also Tang Ruowang, der Konstrukteur der Feuerschlünde", fixierte er mit stechenden Augen den Jesuiten, der seinem Blick standhielt.

„Ich bin ein Mann Gottes. Mein Leben liegt in seiner und nicht in deiner Hand."

„Kühnen Männern kann ich meine Hochachtung nicht versagen", lenkte der Diktator ein. Er ließ dem Jesuiten Tee servieren. „Gib mir die Ehre, heute Abend mein Gast zu sein."

P. Schall, der seinen Umgang mit dem verworfenen Despoten abbrechen wollte, erwiderte: „Ich bitte, vor Einbruch der Dunkelheit nach Hause zurückkehren zu dürfen." Li willigte ein. Seine Gewogenheit war nur damit zu erklären, dass er späterhin aus den mathematischen und mechanischen Kenntnissen des Jesuiten Nutzen zu ziehen gedachte.

Die wetterwendischen Eunuchen vor dem Palasttor gifteten sich fürchterlich, dass Schall dem Schafott entkommen war und heil die Burg verlassen konnte. Sie knirschten und bissen sich in die Finger, wie es die Chinesen zu tun pflegten, wenn ihnen die Galle hochkam.

Noch war Li Zicheng nicht Herr im Lande, denn General Wu Sangui hatte sich nach dem Tod des Kaisers zur Vertreibung der Räuber mit den Mandschu verbunden, gegen die er bisher gefochten hatte. Der Rebellenführer Li ließ in Peking eine starke Besatzung zurück, zog mit 200.000 Mann den vereinigten Armeen siegesgewiss entgegen — und wurde vernichtend geschlagen.

General Wu Sangui

Li raste nach Peking zurück, bestieg in aller Form den Drachenthron und ließ sich als Kaiser von China huldigen. Obwohl er keinen Mangel an Soldaten, Geschützen, Waffen und Mundvorrat hatte, verschanzte er sich nicht in Peking, sondern floh noch am gleichen Tag mit seiner Hauptmacht in die Provinz

Shaanxi. Dreitausend Reiter ließ er in Peking zurück mit dem Befehl, den Palast und die Hauptstadt in Asche zu legen und den sagenhaften Schatz des Kaisers auszuheben und ihm zu Füßen zu legen.

Mit Hilfe von Schießpulver setzten die Horden des Rebellenkaisers den roten Hahn auf die Dächer der Kaiserburg, der Stadttore, der Magnatenvillen, der Bürgerhäuser und der Armenhütten. Peking versank in einem Flammenmeer. Das Krachen des einstürzenden Kaiserpalastes war zehn Stadien weit bis in die Wohnung Schalls zu hören.

Dass das Haus und die Kirche des Jesuiten im Chaos noch nicht Feuer gefangen hatten, brachte die Räuber in Rage. Sie feuerten von der Stadtmauer Brandkugeln auf die Residenz und den Tempel des Himmelsherrn (die Kapelle), umsonst, sie schleuderten von der Straße aus Fackeln und Brandpfeile in den Hof, umsonst, sie zündeten am Haustor ein mit Stroh und Binsen umwickeltes Reisigbündel an, umsonst. Ein Windstoß hob das lodernde Reisig in die Höhe und schob es fünfzig Schritte vor sich her. Die Brandstifter hatten kein Glück.

Wohl waren Haus und Hof übersät mit glühenden Spänen und Funken, die vom brennenden Stadttor herübersprühten, und im heißen Aschenregen dorrten die Bäume im Jesuitengarten aus und verloren die Blätter wie im Winter, aber das Feuer verschonte die Jesuitenniederlassung wie durch ein Wunder.

Verwundete flohen in das von den Flammen unberührte Jesuitenhaus, einer hatte im Hals einen Pfeil stecken, einem anderen hatte eine Kanonenkugel den Arm grässlich zerfetzt. Schall verband die Wunden.

Einmal brachen Banditen in Raubabsicht ein Loch in die Hofmauer. Schall donnerte sie nieder: „Heda, wer in ein fremdes Haus einbricht, ist ein Dieb und kein Soldat. Wollt ihr bei mir das schändliche Andenken von Räubern und Einbrechern hinterlassen!" Die Halunken ergriffen schleunigst das Hasenpanier.

Nach wie vor machte Adam Schall in seiner Nachbarschaft die Runde in die Häuser, die noch nicht ein Raub der Flammen geworden waren, um die Bewohner aufzurichten, die nach chinesischer Gewohnheit in der Verzweiflung nicht selten Selbstmord planten. Durch seine Besuche rettete er im letzten Augenblick einigen das Leben.

Dem Tod entrissen hat er beispielsweise den Großsekretär Chen Baishi (Chen Mingxia), der, nachdem die Hauptstadt in die Hände der Rebellen gefallen war, in die Kirche floh, um sich zu erhängen. Durch lebhafte Ermutigung konnte ihn der Jesuit aber davor bewahren. Schall bot ihm Asyl.

Eine Bande von Einbrechern wollte das Jesuitenhaus mit Geschützen erobern. Die Schurken zerschossen das äußere Tor und stürmten in den Vorhof. Die einen erbrachen mit Stemmeisen und Äxten das innere Tor, die anderen erklommen das Dach und schwangen drohend Speere und Knüppel.

Da wallte in Adam Schall das kämpferische Blut seiner Ahnen auf, mittelalterlicher Ritter, deren Erbgut den Ritterspross aus der „Kompanie Jesu" (wie der Stifter Ignatius von Loyola seinen Jesuitenorden zunächst nannte) gegen Einschüchterungen zu wappnen schien.

Dass sich Adam Schall gegen Gewalt zu wehren wusste, hatte er schon 1622 zu Beginn seiner Mission in Macao gezeigt, als er sich — damals gerade 30 Jahre alt — beim Angriff der (kalvinistischen) Niederländer, die den portugiesischen Stützpunkt besetzen wollten, durch Beherztheit auszeichnete und mit dem Säbel in der Hand einen holländischen Offizier gefangen nahm.

Ziel der Holländer war damals nicht nur, ganz Ostasien an sich zu reißen, sondern ebenso, die katholische Mission im Fernen Osten zu vernichten. (Der holländische Vormarsch in Macao konnte durch den Widerstand der Portugiesen gestoppt und Macao als Eingangspforte der katholischen Chinamissionare gerettet werden.)

Die Räuber im Jesuitenhaus in Peking lernten jetzt — anno 1644 — ebenso das Löwenherz des Ordensmannes kennen. Schall ergriff ein japanisches Samuraischwert und stellte sich den Angreifern entschlossen entgegen. Wie ein Schreckgespenst pflanzte er sich vor den Unholden auf mit seinem langen üppigen Vollbart — ein sinnfälliger Ausdruck für „Wehe, wehe!“: „Der Bart hätte für die ganze Meute gereicht“, meinte der Jesuit spitz. Er setzte einen flammenden Blick auf, den niemand ertrug. Wie sie ihn so vor sich sahen, entschwand den Männern mit den Lanzen, Keulen und Eisenstangen der Mut. Die Männer wurden Memmen. Die verhinderten Plünderer stammelten und stotterten Entschuldigungen und verdrückten sich.

Als den dreitausend Räubern Lis in dem in vollen Flammen wogenden Peking der Boden zu heiß wurde, lud jeder fünfhundert Golddukaten aus der kaiserlichen Kasse, kostbares Palastinventar und andere Schätze des Himmelssohnes auf sein Pferd, und sie machten sich eilends aus dem Staub. Die dreitausend Reiter konnten nur ein Fünfundzwanzigstel des kaiserlichen Geldes wegführen. Die Fliehenden hatten ihre Pferde so überladen, dass sie allerlei Wertstücke unterwegs verloren. Bis an die Grenzen der Provinz Peking, zehn Tagreisen von der Hauptstadt entfernt, wurden auf den Straßen Seidenstoffe, Prunkgewänder, Teppiche, Juwelen, Hausgeräte und Möbel aus der Kaiserburg gefunden.

Das Heer des Rebellenkaisers Li wurde von den Mandschu, die im Bunde mit General Wu Sangui kämpften, schließlich aufgerieben. Li selber wurde 30 Tage nach seinem Thronraub auf der Flucht von Bauern totgeschlagen.

Schall hatte in einem an die Jesuitenresidenz anstoßenden Haus drei Zimmer gemietet. Eines stand leer, in den zwei anderen hatte er seine rund dreitausend Bücher umfassende Bibliothek, seine mathematischen und astronomischen Instrumente sowie die hölzernen Drucktafeln und –stöcke untergebracht. Das leer stehende Zimmer war in den Flammen aufgegangen, vor den beiden anderen als Archiv und wissenschaftliche Gerätekammer dienenden Räumen hatte das Feuer — wie durch ein Messer abgeschnitten — haltgemacht.

Für Adam Schall war das ein Fingerzeig des Himmels. Der Jesuit hatte sich nämlich während des einmonatigen Zwischenreichs des Rebellenkaisers entschlossen, von der Sternkunde und der Kalenderwissenschaft Abschied zu nehmen und sich voll und ganz der direkten Seelsorge zuzuwenden. Die unerklärliche Rettung des gesamten astronomischen Materials war aber für den frommen Ordensmann eine Weisung Gottes, sein naturwissenschaftliches Werk im Dienste der religiösen Mission fortzusetzen.

Er lebe 10.000mal 10.000 Jahre!

Nachdem die Rebellen teils zerschmettert, teils zerstreut worden waren, sammelten die Mandschu ihre Truppen vor den ausgebrannten Toren der verwaisten Hauptstadt des Reiches der Mitte.

Der schlaue Mandschuregent Dorgon (der 14. Sohn Nurhacis), der im Namen des erst sechs Jahre alten, noch in der Mandschurei weilenden Tatarenkaisers Fulin die Truppen befehligte, ließ sich von den Chinesen selber einladen, in Peking einzumarschieren. Der Einzug der Mandschu vollzog sich am 7. Juni 1644 unter dem Beifall der Hauptstädter, die nach dem Terror des Rebellenkaisers Li aufatmeten.

Kein plötzlicher Staatsstreich hatte also das Ende der Ming-Dynastie besiegelt. Sie starb an ihrer eigenen Schwäche.

Eine der ersten Handlungen der Eroberer war, dem letzten Mingkaiser, als sie dessen Leiche auf dem Kohlenhügel fanden, ein ehrenvolles Begräbnis zuteilwerden zu lassen. Sie bestatteten ihn unter Tränen in der Leichenstadt des Hauses Ming, einem Prachtwerk chinesischer Architektur.

Mandschu-Offizier

Die Pekinger bejubelten den neuen Herrscher Fulin, als er ein paar Monate später feierlich durch das südliche Mitteltor nach Peking gebracht wurde und unter dem Regierungsnamen *Shunzhi* (= Dem Himmel folgsame Regierung) am 30. Oktober 1644 den ledigen Drachenthron bestieg: „Es lebe der Kaiser! Der Kaiser lebe zehntausend Jahre, zehntausend mal zehntausend Jahre!"

Für die Chinesen gab es bald ein böses Erwachen aus dem rosigen Traum glückverheißender Zukunft. Die Mandschu führten sich nach ihrer friedlichen Besetzung Pekings als Herrenrasse auf. Die Männer des unterworfenen Landes mussten als sichtbares Zeichen der Unterordnung und der Dienstbarkeit die tatarische Frisur annehmen, das heißt den Kopf vorne scheren und das Haar des Hinterhauptes zu einem langen, den Rücken hinabhängenden Zopf flechten.

Viele Chinesen lehnten sich in leidenschaftlichem Stolz gegen die tatarische Frisur und Kleidung mit einem hohen steifen Kragen auf, und manche verloren lieber ihr Haupt als ihr Haar.

An die Chinesen der Residenzstadt Peking erging der Befehl, die vornehme Nordstadt (Innenstadt) zu räumen und den Mandschu zu überlassen und in die durch einen Graben getrennte ärmliche Südstadt (Vorstadt) auszuwandern.

Die Mandschu gaben den Chinesen nur drei Tage zur Übersiedlung.

Die Nordstadt hieß von nun an Tatarenstadt und die Südstadt Chinesenstadt.

Mandschu-Autorität

Adam Schall, gekleidet wie ein Mann aus dem Volk, reihte sich unter den zahllosen Bittstellern im Palast ein, die vom neuen Senat kniend die Gunst erflehten, in der Nordstadt sesshaft bleiben zu dürfen. Doch wichtigtuerische Büttel trieben die Ansucher wie Bettler mit Peitschen und Stöcken auseinander.

Einem der Senatoren, Fan Wencheng mit Namen, fiel aber der Mann mit dem fremdartigen Gesichtsschnitt auf. Er winkte P. Schall herbei und hörte ihn teilnehmend an:

„Ich bin Lehrer des göttlichen Gesetzes und besitze in der Nordstadt eine wissenschaftliche Bücherei, zahlreiche Druckstöcke für Werke über die Kalenderberechnung und einen Tempel.“

„Was ist das, ein Tempel?“

„Das ist ein Haus für den Gottesdienst.“

„Warum gebraucht Ihr nicht die übliche Bezeichnung >Opferstätte<?“

„Um die Einmaligkeit unserer Religion hervorzuheben.“

Schall brachte schließlich sein Begehren vor: „Es ist ausgeschlossen, dass ich meine Bücher, meine Bilder und Drucktafeln binnen dreier Tage in die Südstadt umsiedeln kann. Der verstorbene Kaiser hat die Verbesserung des Kalenders in meine Hände gelegt, die für die Kalenderreform nötige Einrichtung wird zum Schaden des Staates unweigerlich zugrunde gehen, wenn ich sie kurzfristig aus der Stadt bringen muss. Ich bitte, auf meinem Posten verbleiben zu dürfen.“

„Erhebt Euch“, schloss der Senator die Audienz. „Morgen gebe ich Euch Bescheid.“

Die Begegnung Schalls mit der Schlüsselfigur Fan Wencheng war ein alles entscheidender historischer Augenblick für die Kirche in China.

Zwei Gelehrte begleiteten Schall nach Hause, um auf Geheiß des Staatsrates die Angaben Schalls an Ort und Stelle zu überprüfen.

Ihre Beurteilung des Wertes der Arbeiten Schalls war offenkundig überaus günstig ausgefallen, denn als der Jesuit am nächsten Morgen im Palast eintraf, wurde er herzlich empfangen und mit einem Schriftstück ausgestattet, das allen Tataren verbot, Haus und Hab Tang Ruowangs anzurühren.

Mandschu-Mandarin

Gleich nach der Rückkehr in die Jesuitenniederlassung konnte er die Zaubermacht des Ediktes erfahren. Er fand seine Zimmer bereits von Mandschusoldaten beschlagnahmt, die Miene machten, den eintretenden Besitzer an die frische Luft zu setzen. Als Schall aber die Urkunde des Senats vorwies, schlichen die ungebetenen Gäste weg. Schall schlug den Erlass an der Hauspforte an und erfreute sich rücksichtsvollster Schonung.

Ohne den Mumm und die Mannhaftigkeit Schalls, der im stampfenden Sturm der apokalyptischen Reiter Lis nicht von der Stelle gewichen war, wäre wohl die christliche Mission in Peking untergegangen. So aber war Schall zur Stelle, als die neuen Herren mit Kraft und Schwung das Steuer des kommandolosen Staatsschiffes an sich rissen, und konnte sich in couragierter Unverfrorenheit Respekt bei den Mandschu verschaffen, sodass er und seine Mission unbeschadet den Machtwechsel überstanden.

Sein Protektor Fan Wencheng (er spendete später jährlich 30 Goldstücke als Almosen für den „Tempel" der Jesuiten, und eine Tochter Fan Wenchengs bekehrte sich bald zum Christentum) stellte Schall dem Kaiser vor.

Im Reich der Mitte konnte der Kaiser die Macht seiner Dynastie nur über den Kalender legitimieren. Daher konnten die Mandschu nicht anders, als sich gleich um den Kalender als unverzichtbares Herrschaftszeichen zu kümmern.

Die erste Sonnenfinsternis in der neuen Ära am 1. September 1644 entschied die Zukunft Schalls unter den Mandschu: Wie üblich wurden die drei astronomischen Schulen — die chinesische, die muslimische und die europäische — beauftragt, ihre Berechnungen zu enthüllen. Die Voraussagen wurden den Behörden und dem Volk kundgemacht.

Der Wettstreit der drei Berechnungsarten wurde im ganzen Reich mit Gespanntheit verfolgt. Unparteiischer Schiedsrichter war die Sonne selber. Als die Verfinsterung eintrat, mussten sich alle Zuschauer auf die Knie werfen, um, im Sinne des tatarischen Glaubens, der Sonne in ihrem Leidenskampf betend Hilfe zu leisten.

Im Namen des Kaisers und des Senats beobachteten die Minister Feng und Li in Gegenwart Adam Schalls die Sonnenfinsternis.

Minister Feng machte seiner Bewunderung und Begeisterung Luft und gratulierte dem Jesuiten mit dem höchstem Lob, das ein gebildeter Chinese spenden kann: „In jeder Beziehung vortrefflich und vollkommen." Dieses Zitat des konfuzianischen Philosophen Mengzi (latinisiert: Menzius) stellte im Reich der Mitte eine unübertreffbare Würdigung dar.

In seiner Faszination ergriff der Minister einen Pinsel und schrieb sich die Spannung von der Seele: „Wir Vornehmsten des Staatsrates, die wir bei der Beobachtung der Sonnenfinsternis gegenwärtig waren, haben uns überzeugt, dass die alte chinesische Berechnungsart hinsichtlich der verfinsterten Fläche um die Hälfte von der Wahrheit abwich, die der Muslime hinsichtlich des Zeitpunktes um eine Stunde sich irrte, und nur die neue von den Europäern vorgetragene Rechnungsweise sowohl nach der Zeit als auch nach dem Punkte der Ekliptik auf das Genaueste zugetroffen habe. Unserer Herrschaft kommt das Verdienst zu, diese rühmliche Arbeit Tang Ruowangs, die während der letzten Regierung der Neid schändlich unterdrückt hat, ans Tageslicht zu befördern. Wir befehlen daher, dass diejenigen, deren Amtspflicht es ist, ihr Möglichstes tun, auf dass diese Lehrweise zehntausend Jahre lang fortbestehe."

Regent Dorgon

Die haargenaue Übereinstimmung der Schallschen Berechnung mit den Erscheinungen am Himmel und die Lobeshymnen, die die kaiserlichen Geheimräte auf die Kunst Schalls anstimmten, bewirkten, dass der Hof (für den minderjährigen Kaiser

Shunzhi führte dessen tatkräftiger Onkel Dorgon „Amawang" = „Vater Fürst" die Regierung) nicht den fehlerhaften chinesischen Kalender übernahm, sondern den des Jesuiten, und Adam Schall alias Tang Ruowang gleich 1644 zum Direktor des Astronomischen Amtes (Qintianjian) berief. Der Jesuitenkalender wurde für die Qing-Dynastie umbenannt in „Xiyang xinfa lishu" (= Kalender-Enzyklopädie nach der neuen westlichen Methode). Das Kalendarium von Schall und Co. blieb in China bis zum Ende der Monarchie im Jahre 1912 in Geltung.

Obwohl Adam Schall dem alten entmachteten Regime der Ming gedient hatte und obwohl er ein Ausländer war, hatte er das Vertrauen der Mandschu gewonnen.

Unter den Ming hatte Schall nicht die Würden, sondern nur die Bürden des astronomischen Betriebes getragen. Die offiziellen Direktoren waren nacheinander die chinesischen Gelehrten und Christen Paul Xu und Petrus Li. Schall glaubte, es als Ordensmann nicht rechtfertigen zu können, die Ehren und Titel eines „Präsidenten des Amtes der astronomischen Beobachtungen" anzunehmen und Amtstracht und Abzeichen eines Beamten der Klasse 5 a zur Schau zu tragen.

Er flehte in nicht weniger als acht Bittschriften den Kaiser an, von seiner Ernennung abzusehen. Er hätte als Priester die Verpflichtung, tagtäglich frühmorgens Gott ein heiliges Opfer darzubringen und achtmal am Tag das Stundengebet zu sprechen. Er wäre also der Aufgabe eines Direktors des astronomischen Amtes nicht gewachsen, zu denen es u. a.

gehörte, an bestimmten Tagen mit den Ministern bei Hof zu erscheinen, täglich den Vorsitz bei den Konferenzen der astronomischen Behörden zu führen und ständig im Amtsgebäude der Sternwarte zu wohnen.

Der Kaiserhof war beleidigt und geneigt, den Jesuiten, der den kaiserlichen Willen nicht respektierte, kaltzustellen. Doch der Herrscher war noch einmal gnädig. Er bot dem Jesuiten an, ihn von allen Pflichten zu befreien, die sich mit seinem Priesteramt nicht vereinbaren ließen.

Der Missionsvorgesetzte Schalls, der Portugiese P. Francisco Furtado, erschrocken über die Weigerung Schalls, die der Hof als gegen die neue Dynastie gerichtete Feindseligkeit werten konnte, zerstreute die Bedenken seines Mitbruders und befahl ihm im Gehorsam, die beamtete Stellung als Mandarin ohne Trutz anzunehmen.

Adam Schall fügte sich dem Diktat seines Oberen umso leichter, als ihm der Kaiser ja das Zugeständnis gemacht hatte, ihn von den lästigen Hofbesuchen zu entbinden und ihm zu gestatten, die Amtsverwaltung in seiner Privatwohnung — d. h. im Ordenshaus — zu erledigen.

Der Kaiser persönlich schilderte die Berufung Schalls zum höchsten Astronomen und Kalendermacher des Reiches in einer späteren Ehrung wie folgt:

„Im Jahre 1644 gab die Gunst des Himmels das Reich der Mitte in unsere Hand. In dem Augenblick, da wir unsere Dynastie begründeten, mussten wir vor allem die richtige Zeit bestimmen und unseren Kalender herausgeben. Da traf es sich, dass zu Beginn des zweiten Herbstmonats eine Sonnenfinsternis stattfand. Wir sandten einen hohen Würdenträger, die Beamten der Sternwarte über die Beobachtung der Naturerscheinung auszufragen. Es zeigte sich, dass der Anfang und Abschluss der Finsternis nur mit den Berechnungen Schalls übereinstimmten, und dies vollkommen genau.

Eine zweite Prüfung anlässlich der Mondfinsternis in der Mitte des zweiten Frühlingsmonates des Jahres Yi-You (1645) offenbarte aufs Neue die genaueste Berechnung.

Ist es nicht offenkundig, dass der Himmel Adam Schall geboren werden ließ, um uns bei der Herausgabe unseres Kalenders zu helfen? Wir haben ihn deshalb dem Astronomischen Amt vorgesetzt mit dem Auftrag, die neue Methode darzulegen und den Kalender für das ganze Reich zu bearbeiten. Tang Ruowang, treu der Religion des Westens, ohne Gattin und ohne amtliche Stellung, hat nur auf unseren Befehl die Leitung der astronomischen Behörde angenommen."

Zweimal am Tag wurden dem neuen Präsidenten des astronomischen Tribunals als hochgeehrtem Gast des Himmelssohnes aus dem Palast Speisen der kaiserlichen Tafel ins Haus gebracht. Jeden Monatsersten schickte ihm das Besoldungsamt Geld, Reis, Tee, Salz und andere Lebensmittel. Ferner bekam er von Zeit zu Zeit Kleider, Stoffe, Wäsche, Stiefel, Hüte sowie Pferde.

Bisher war es Gepflogenheit gewesen, dass die niederen Beamten der astronomischen Behörde einen Teil ihrer Einkünfte abzweigten und dem Direktor zukommen ließen. Mit dieser Unsitte machte Schall sofort Schluss.

Er ließ sich nicht nur nicht beschenken, sondern setzte sich wie ein moderner Gewerkschaftler für eine Erhöhung der Gehälter der kleinen Angestellten ein und sorgte väterlich für die armen Schlucker, damit sie nicht hungern und frieren mussten. Im Winter beschaffte er ihnen Schafwollmäntel, wattierte Kleider und Kohle.

Schall ließ als neuer Chefastronom des Reiches keinen Zweifel: Er würde dem Aberglauben keine Tür öffnen. Er hätte mit der Wahl der günstigen und ungünstigen Tage nichts zu tun und widme sich einzig und allein der rein wissenschaftlichen Berechnung des Kalenders. Er wäre kein Wahrsager, sondern ein Mann Gottes und ein Naturforscher.

Die Jesuitensternwarte in Peking

Nicht Wahrsager, sondern Naturforscher : Adam Schall

Nur Übelwollende konnten Schall andichten, dass die Astronomie für ihn Selbstzweck war. Er blieb seiner Sendung treu, den Chinesen das Evangelium — die „Gute Nachricht" — des Himmelsherrn zu überbringen. Sein Horizont endete freilich nicht einmal an Chinas Grenzen.

Bevor die Mandschu im Jahre 1644 China eroberten und ihre Herrschaft im Reich der Mitte begründeten, hatten sie schon das Königreich Korea unterworfen. Das machte Korea zu einem tributpflichtigen Vasallen-Staat und Protektorat Chinas. Um die Dominanz abzusichern, wurde der koreanische Kronprinz Sohyeon (1612-1645), der erstgeborene Sohn des Königs Injo (Joseondynastie), von 1637 bis 1645 als Geisel festgehalten.

1644 kam es in Peking zu Begegnungen Adam Schalls mit dem an den westlichen Wissenschaften interessierten koreanischen Thronfolger. In Freundschaft verbunden, pflegten die beiden einen Gedankenaustausch. Schall versorgte ihn mit Büchern über die christliche Heilsbotschaft und die abendländische Wissenschaft und Kultur, ebenso mit Karten und Globen. Der Jesuit schmiedete in Übereinstimmung mit dem koreanischen Kronprinzen Pläne, besonders geeignete chinesische Christen als Missionare nach Korea zu senden, das damals „Einsiedlerkönigreich" genannt wurde, weil es die Grenzen geschlossen und alle Kontakte nach außen abgebrochen hatte.

Dass das Zusammentreffen des größten deutschen Missionars mit dem koreanischen Thronfolger eine Episode ohne historische Auswirkung geblieben ist, lag daran, dass der Erbprinz nach der Rückkehr in seine Heimat Korea mit 33 Jahren plötzlich eines mysteriösen Todes starb (möglicherweise wurde er vergiftet). Schalls Hoffnung auf den Anbruch eines christlichen Frühlings in Korea war damit begraben.

Die koreanische Geschichtsschreibung verzeichnet aber, dass Adam Schall nachweislich der erste Deutsche war, der mit einem Koreaner Kontakt aufgenommen hat.

Dass er als Astronom Seelsorger blieb, war für Adam Schall selbstverständlich.

1650, im siebenten Jahr der neuen Regierung, war er ein mächtiger Mandarin, der es wagen zu können glaubte, in Peking an belebter Stelle beim Xuanwu-Stadttor (im Volksmund Shuncheng-Stadttor) eine stattliche katholische Kirche zu errichten: die Nantang (Südkirche) — an Stelle der 1605 von Matteo Ricci errichteten unscheinbaren Jesuitenkapelle, die nach außen nicht als Gotteshaus zu erkennen war. Das Kultusministerium hätte Schall sicher keine Baubewilligung erteilt, deshalb reichte er gar kein Gesuch ein, sondern vertraute auf seine Autorität.

Er zeichnete selbst die Pläne und überwachte den Bau. In gut einem Jahr wuchs eine weithin sichtbare barocke Kirche zwanzig Meter empor, gekrönt von einer Kuppel.

Die dreischiffige Kirche mit fünf Altären erregte die aufrichtige Bewunderung der Bewohner Pekings, die neugierig zusammenströmten.

Schalls Gefährte und Nachfolger P. Ferdinand Verbiest urteilte: „Selbst Rom bräuchte sich dieser

Kirche nicht zu schämen und könnte sie zu seinen Prachtbauten zählen."

Über dem Hauptportal brachte Schall auf einer Marmortafel die Inschrift an:

„Unter Wanli kam Matteo Ricci als Missionar nach China. Ihm folgten mehrere andere Lehrer aus dem Westen. Sie übersetzten religiöse Bücher und veröffentlichten Schriften, und so wurde die Religion bis heute verkündet. In unseren Tagen bedient sich die herrschende Dynastie in besonderem Wohlwollen der europäischen Methode für den Kalender. Nachdem jetzt die neue Berechnungsweise angenommen ist und die Fragen, die die Astronomie betreffen, gelöst sind, habe ich in Ehrerbietigkeit eine neue Kirche errichtet, um die wahre Lehre zu verherrlichen. Im Jahre des Heils 1650, im siebenten Jahr der Periode Shunzhi der Dynastie Da Qing. Errichtet von Tang Ruowang, der beauftragt ist, den neuen Kalender abzufassen."

Die Pekinger Pfarrgemeinde wuchs bald auf 13.000 Christen an. Voll Hingabe widmete sich Schall der Seelsorge: er las täglich die heilige Messe, er predigte, spendete die Sakramente, vollzog die Zeremonien, leitete die katholischen Vereine und besuchte die Kranken.

Zwei Jesuiten:
Kriegsverbrecher und Sklaven

Vor nicht langer Zeit waren zwei Jesuiten als Kriegsgefangene nach Peking geschleppt worden: P. Ludwig Buglio und P. Gabriel de Magalhaes, die es dem Ansehen Schalls verdankten, dass sie noch am Leben waren. Dennoch entfesselten sie gegen ihn eine üble Kampagne.

Sie wussten nicht, was sie taten. Der Jesuit und Historiker Alfons Väth bittet um Nachsicht: „Wir wollen keinen Stein auf Magalhaes und Buglio werfen, die zwei Jahre lang unter ständiger Drohung eines grausamen Todes gelebt hatten. Ihr seelisches Gleichgewicht war gestört.

Was war geschehen?

Im Westen Chinas widerstand der Bandenführer namens Zhang Xianzhong der neuen Mandschuregierung in Peking. Zhang mit dem Beinamen „Gelber Tiger" war „einer der mörderischsten Wüstlinge, die die Annalen Chinas entweihten" (Giles). Er nannte sich Kaiser der Daxi-Dynastie. Menschen zu schinden, war seine Wonne. Der Tyrann ließ die 600.000 Bewohner der Hauptstadt der Provinz Sichuan nach der Eroberung abschlachten wie das Vieh, sodass sich der Fluss blutrot färbte. 140.000 seiner eigenen Soldaten ließ er einmal in einem fürchterlichen Gemetzel zerstückeln, weil sie in einer Schlacht eine Niederlage hatten einstecken müssen.

Die in der Hauptstadt von Sichuan, Chengdu, tätig gewesenen katholischen Missionare P. Buglio und P. de Magalhaes hatten sich rechtzeitig abgesetzt und in einer Entfernung von zwei Tagreisen im Haus eines befreundeten Mandarins verborgen. Doch die beiden Jesuiten wurden denunziert, und der Unmensch sandte seine Häscher in die Berge, um die gelehrten Europäer zu kapern.

Zhang beabsichtigte, als Gegenkaiser nach dem Muster Pekings Hof zu halten und sich mit Astronomen zu umgeben. Er verpasste den zwei Jesuiten Beamtenkleidung, verlieh ihnen den Titel „Reichsastronomen" und zahlte ihnen ein Monatsgehalt von 10 Tael.

So wurden Buglio und Magalhaes wider Willen Mandarine des Scheusals, dem sie sich mit Haut und Haaren ausgeliefert fühlten. Unter den Todesdrohungen Zhangs fertigten sie für ihn Himmels- und Erdgloben sowie astronomische Apparate an.

Als sich der Tyrann anschickte, von Shaanxi Besitz zu ergreifen, entledigte er sich durch Mord seiner auf dem Kriegszug hinderlichen dreihundert Kurtisanen und verlangte von seinen Soldaten gleichfalls, ihre Frauen umzubringen. Das war das Todesurteil für 400.000 Soldatenfrauen.

Die Patres Magalhaes und Buglio winselten zu Füßen des Tyrannen, er möge sie außer Dienst stellen. Zur Strafe für dieses Ansinnen ließ die Bestie in Menschengestalt die christlichen Diener der Jesuiten skalpieren.

Zweimal verfügte er die Hinrichtung der Patres, aber das Todesurteil wurde nicht vollstreckt, da Gabriel de Magalhaes dem Despoten die Strafe Gottes androhte.

Fünf blitzschnelle Mandschureiter überraschten am 2. Januar des Jahres 1647 den vierzigjährigen Gegenkaiser in seinem Lager, ihre Pfeile durchbohrten das Herz des Bedrückers.

Das war aber nicht das Ende des Leidensweges der Jesuiten Magalhaes und Buglio.

Einer der Reiter packte Magalhaes am Haarschopf und schwang sein Schwert, um ihn zu enthaupten.

„Halte ein!" schrie der Offizier des Trupps dem Soldaten ins Ohr.

Ihn erinnerte der volle Bart des Todeskandidaten an den Bartträger Adam Schall, der sich am Hof in Peking als der Kalenderfachmann Nummer eins allerhöchster Gunst erfreute.

„Kennst du Tang Ruowang?"

„Er ist mein Bruder", stammelte zage der geschockte Jesuit.

Der Offizier schenkte P. Magalhaes und seinem Gefährten P. Buglio dank der Meriten ihres berühmten Bruders das Leben, führte sie aber als Mandarine des Gegenkaisers wie Kriegsgefangene zum Oberbefehlshaber, der ebenfalls zu den Bewunderern Schalls zählte und deshalb dessen Genossen kein Haar krümmte.

Magalhaes schrieb nach seiner Rettung gerührt einen Dankbrief an Adam Schall: „O gesegneter Kalender, dir verdanken wir das Leben."

Nach dem Gesetz der Mandschu waren aber die beiden Jesuiten, die im Dienst des tyrannischen Gegenkaisers gestanden waren, Kriegsverbrecher. Kriegsverbrecher und Elternmörder waren für die Tataren die übelsten Delinquenten. Magalhaes und Buglio wurden daher als Gefangene im Februar 1648 nach Peking überstellt, dabei aber mit Rücksicht auf Adam Schall human behandelt.

In Peking verbreitete sich wie ein Lauffeuer das Schauermärchen, die beiden Jesuiten hätten dem Generalstab des Rebellenkaisers angehört und wären mitschuldig am Blutrausch des Wüterichs gewesen.

Selbst wenn das hohe Gericht die erfundenen Gruselgeschichten nicht in Betracht zog und den beschuldigten Jesuiten nur anrechnete, dass sie wichtige Mandarine eines Verschwörers gewesen waren — woran nicht zu zweifeln war —, hatten die Richter nach geltendem Recht keine andere Wahl, als Magalhaes und Buglio zum Tode zu verurteilen.

Doch Adam Schall zuliebe drückte die chinesische Justitia beide Augen zu. Die beiden „Hochverräter" blieben in Gewahrsam, wurden aber in das Gästehaus des Kultusministeriums eingewiesen und dort entgegenkommend versorgt. Sie auf freien Fuß zu setzen, hatten die Behörden nicht gewagt, um nicht die Generalität vor den Kopf zu stoßen.

Indessen legte die Regierung den beiden kriegsgefangenen Staatsgästen mehrmals nahe, sich still und leise nach Macao abzusetzen.

Erst als die beiden nicht und nicht die Chance einer heimlichen Flucht ergriffen, wurden sie im Mai 1650 als Sklaven einem hohen Mandschuoffizier überantwortet, der aber höflich mit den Mitbrüdern Schalls umging.

Schall, der alles aufbot, um seine Genossen zu befreien, verbot man den Umgang mit den Staatsfeinden. Er wurde amtlicherseits mit Verfemung bedroht, wenn er nicht sofort alle Kontakte mit ihnen beendete.

Hintenherum und unter der Hand leistete er aber Magalhaes und Buglio nach wie vor brüderliche Dienste, die schließlich dazu führten, dass den beiden versklavten Jesuiten die Freiheit eingeräumt wurde, missionarisch tätig zu sein.

Ihre Nerven waren aber derart überreizt, dass sie P. Adam Schall unterstellten, er würde insgeheim hintertreiben, dass sie eine größere Bewegungsfreiheit bekämen. Sie hatten ihn in Verdacht, dass er verhindern wollte, dass sie in das Jesuitenhaus übersiedelten. Vielleicht hatte er, der Mandarin des Kaisers, etwas zu verbergen und wollte sich Zeugen vom Leib halten, die sein Leben, das nicht gerade dem eines asketischen Wüsteneinsiedlers glich, unter die Lupe nahmen? So spintisierten die beiden schwergeprüften Jesuiten in ihrer Überspannung.

Der schreibgewandte Magalhaes griff zur Feder und schwärzte Schall an. Dem Unruhestifter gesellten sich einige schwarze Schafe unter den Christen bei, die den Lebensstil Schalls kritisierten, der als Mandarin — sie vergaßen ganz, dass er das Amt gegen seinen Willen nur auf Befehl seiner Oberen angenommen hatte — natürlich gesellschaftliche Verpflichtungen hatte und nicht das zurückgezogene Leben eines Kartäusers führen konnte.

Schall selbst setzte sich gegen die Verleumdungen nicht zur Wehr, sondern vertraute schweigend auf die göttliche Vorsehung. Der Jesuitenorden schickte jedoch den allseits geachteten Konsultator P. Brancato nach Peking, der den „Fall" gründlich untersuchte und alle Spuren verfolgte.

Nach eingehender Prüfung schrieb der Visitator seinen offiziellen Bericht am 20. Juli 1653:

„Ich, Francesco Brancato, Professe der Gesellschaft Jesu, unterrichtete mich genau über die Angelegenheiten der Niederlassung in Peking. Ich stellte fest, dass alle Beschuldigungen, die den Ruf und den guten Namen des P. Johann Adam befleckten, Lügen und Verleumdungen einiger rachsüchtiger Männer sind, die unter den Brüdern der Gesellschaft Unkraut säen wollten und ihre Zunge deshalb nicht im Zaum hielten, weil sie einige Ziele, die sie mit Hilfe P. Johann Adams zu erreichen gehofft hatten, nicht verwirklichen konnten. Durch das vorliegende Dokument beglaubige und bekräftige ich, dass alle Anschuldigungen in Wahrheit auf Einbildungen und Erfindungen übelgesinnter Männer beruhen. Auch die Patres Ludwig Buglio und Gabriel Magalhaes gaben zu, niemals Unziemliches im Wandel P. Johann Adams beobachtet zu haben, sie hatten nur auf das alberne Geschwätz gehört, das, wie ich versichere, Lug und Trug ist. Mit Rücksicht auf den guten Namen des P. Johann Adam schrieb ich diesen Bericht, den ich eigenhändig unterzeichnet und mit meinem Amtssiegel versehen habe.“

Die Beschuldigungen waren in allen Punkten völlig haltlos: leichtgläubiges Nachgerede. Der gerechtfertigte Schall vergab seinen Mitbrüdern alle Kränkungen. Nachträgerische Gesinnung war seiner offenen und ehrlichen Wesensart fremd.

Die beiden Kriegsgefangenen und Sklaven Buglio und Magalhaes erhielten in der Folge durch Richterspruch ihre Freiheit und durften im Osten der Hauptstadt eine eigene Missionsstation gründen.

Die alte West- und die neue Ostresidenz arbeiteten brüderlich Hand in Hand. Schall war der Obere beider Niederlassungen.

Der jugendliche Kaiser Shunzhi

Der Freund des Kaisers

Der Regent Dorgon Amawang, der im Namen des Kindkaisers Shunzhi die Staatsgeschäfte führte und sich selbstherrlich „Vater des Kaisers und des Reiches" nannte, kam Ende 1650 bei einem Jagdunfall ums Leben.

Kaiser Shunzhi stand erst im 13. Lebensjahr, aber er wollte nichts mehr von einer Regentschaft wissen, die seinen Namen nur missbrauchte, um nach ihrem eigenen Willen zu schalten und walten. Er wollte kein Scheinkaiser mehr sein und nahm am 1. Februar 1651 die Zügel der Macht in die Hand.

Der kaiserliche Knabe war unkindlich. In seiner Reife war er Gleichaltrigen um Jahre voraus. Er war fix und findig, fair und gerecht, im Grunde seines Wesens gutmütig, wiewohl er leicht aufbrauste. Seine Leidenschaft als Sohn der Steppe war die Jagd. Im wildreichen Forst hinter dem Palast traf er mit seinem Pfeil in vollem Galopp jeden vorbeiflitzenden Hasen. Der gewandte Sportler vergaß über der Jagd alles andere.

Als unumschränkter Herr des größten Reiches der Welt (China zählte damals an die 120 Millionen Einwohner, Mitteleuropa rund 15 Millionen) auf sich allein gestellt, hielt er Ausschau nach einem uneigennützigen Ratgeber. In seiner Umgebung wimmelte es von unterwürfigen Höflingen, die nach seiner Gunst und Gnade heischten, aber wo war ein Mann ohne Furcht und Tadel, der nicht nach eigenem Ruhm und Gewinn strebte? Da war nur einer: Tang Ruowang, der Direktor des Astronomischen Amtes, dessen Unbestechlichkeit, Charakterfestigkeit, Gemeinsinn und Selbstlosigkeit bewährt und anerkannt waren.

Der Kaiser fasste Vertrauen zum inzwischen 60 Jahre alten Schall wie ein Enkel zum Großvater. Er ersparte seinem Berater und Helfer die umständliche Prozedur, Berichte und Gesuche am Palasteingang den Hofbeamten abgeben zu müssen, die sie am nächsten Tag dem Kaiser zu überreichen pflegten. Der Jesuit erhielt das Recht, jederzeit den Kaiser persönlich aufzusuchen, ob sich der Himmelssohn nun in seinen Gemächern, im Garten, auf der Jagd oder bei seiner Mutter befand.

Schall wurde von den Formeln der steifen Hofetikette befreit. Er musste sich nicht mehr dreimal niederknien und neunmal die Stirn zur Erde senken.

Wenn der Kaiser bei feierlichen Staatsakten auf dem Drachenthron Platz nahm, saß Schall unmittelbar zu seinen Füßen auf einem Kissen und nicht wie die anderen Magnaten unterhalb der Thronstufen auf der anderen Seite des Saales auf dem Boden.

Holländische diplomatische Gesandte, Peter de Geyer und Jacob de Keyzar, die 1656 vom Kaiser empfangen wurden, waren verblüfft, dass neben dem chinesischen Reichskanzler, der den Vorsitz führte, „ein sehr alter Jesuit aus Köln mit langem weißen Bart, rasiertem Haupt und tatarischer Tracht seinen Platz hatte, der beim Kaiser von China in hohem Ansehen steht". Das war niemand anderer als Adam Schall, der als kaiserlicher Berater und Dolmetscher an den Verhandlungen über Handelsbeziehungen teilnahm und zum Scheitern der holländischen Gesandtschaft beitrug. Denn „Schaliger", wie ihn die Holländer nannten, konnte den Kaiser überzeugen, dass die Fremdmacht Holland nichts anderes im Schild führte, als ihre militärische, politische und wirtschaftliche Herrschaft in Ostasien auszudehnen.

Bei vielerlei Gelegenheiten diente Schall der sprachlichen Verständigung, denn neben seiner Muttersprache Deutsch und der Kirchensprache Latein hatte er Chinesisch, Mandschu, Portugiesisch, Italienisch, Spanisch und Holländisch erlernt.

Bevor der junge Kaiser den Jesuiten in seinen persönlichen und privaten Fragen zu Rate zog, ließ er die Glaubwürdigkeit Schalls geheim unter die Lupe nehmen. Er setzte Detektive auf ihn an, die seinen Lebenswandel Tag und Nacht ausforschten. Sie beschatteten ihn stets und ständig. Selbst mitten in der Nacht tauchten plötzlich unter irgendeinem Vorwand Spitzel und Lauscher — natürlich jedes Mal andere — im Jesuitenhaus auf. Ein eheloses Leben war für den sehr sinnlich veranlagten Kaiser unvorstellbar, vielleicht hatte der Jesuit doch im Verborgenen Beziehungen zu einer Frauensperson. Was die Spione des Kaisers ermittelten, versetzte den Kaiser in grenzenloses Staunen: Schall betete, studierte, las und schrieb bis tief in die Nacht, wenn die Hausdiener längst schnarchten. Er führte ein frommes und reines Leben.

Erst als der Kaiser die Gewissheit und Sicherheit hatte, dass die Lauterkeit Schalls echtes Gold und kein Talmi war, öffnete er ihm sein Herz und erkor ihn zum väterlichen Freund. Er nannte ihn „Mafa",

„ehrwürdiges Großväterchen", ein Wort, in dem das Zutrauen des Enkels zum Großvater und der Respekt des Schülers vor dem Meister mitklangen.

Der Kaiser von China pflegte keine Besuche abzustatten, von dieser heiligsten Regel der Hofetikette gab es nur eine Ausnahme: Shunzhi beehrte oft und oft Adam Schall in der Jesuitenresidenz. Ein Chronist hat in einem Zeitraum von zwei Jahren — 1656 und 1657 — die Besuche gezählt, die der Kaiser dem Jesuiten abstattete: es waren vierundzwanzig.

Der Sohn des Himmels kündigte seine Visiten nicht an, damit ihm nicht ein Empfang mit ausgerolltem Teppich, drapiertem Stuhl und feierlichem Gastmahl bereitet würde. Er nahm in Kauf, dass er den Pater nicht zu Hause antraf. Dann machte er kehrt und sagte zu den Höflingen: „Ich werde mich später noch einmal zeigen."

Manchmal erschien der Kaiser nur mit einigen Adeligen, manchmal mit einem Gefolge von 600 Reitern.

In Schalls Stube nahm er unzeremoniell Platz, wo es ihm beliebte, auf dem abgewetzten Schreibtischstuhl, auf einer Schülerbank oder im Tatarensitz mit untergeschlagenen Beinen auf dem Bett Schalls.

Die Sitte gebot es in China, dass jede Stelle, auf der einmal der Kaiser gesessen war, zum Andenken mit einem goldgelben Tuch bezogen und durch das Beugen des Knies oder das Neigen des Kopfes verehrt werden musste.

Daran erinnerte Schall den Kaiser: „Herr, es ist bald kein Platz mehr übrig, wo Eure Majestät noch nicht zu sitzen geruht haben. Wo darf ich mich in

Zukunft noch hinsetzen?“ Der Kaiser verwunderte sich: „Aber Mafa, einem weisen Mann wie dir steht der Aberglaube nicht gut zu Gesicht. Mache es dir bequem, wo es dir taugt.“

Der Kaiser verweilte stundenlang in der Jesuitenresidenz, besichtigte die Kirche und das Haus bis in den letzten Winkel, schaute dem gelehrten Pater bei der Herstellung astronomischer Instrumente für das Observatorium zu, erquickte sich unter der schattenspendenden Platane im Hof, pflückte Früchte im Obstgarten der Missionsstation. „Reiche mir einen Trunk Wein, Mafa“, begehrte der Kaiser, der sich bei Schall zu Hause fühlte, „ich bin durstig und müde nach unseren anstrengenden Beratungen.“

Schall offerierte ihm einen Becher Rotwein, hergestellt von Jesuiten in der chinesischen Provinz Shaanxi. Der Kaiser nippte und gab den Wein den fünf Würdenträgern seiner Begleitung zum Trinken.

Schall holte den besten Tropfen, den er besaß, den blumigen Wein, den ihm die holländische Gesandtschaft aus Europa hatte zukommen lassen. Er schien dem Kaiser zu munden, doch als Schall erwähnte, dass der Rebensaft aus Fernwest wäre, spuckte er ihn aus wie Essig.

Der Kaiser verlangte einen Wein von den Reben, die vor dem Zimmer Schalls wuchsen. Der Jesuit hatte ihm den gewöhnlichen Hauswein nicht anzubieten gewagt, an dem aber der Kaiser Geschmack fand. Er trank den Becher leer und sagte: „Wenn im Herbst die Beeren reif sind, werde ich kommen, um sie zu goutieren.“ Er hielt Wort, im Oktober stellte er sich ein und pflückte Trauben, die seinem verwöhnten Gaumen schmeichelten.

Es war an einem Geburtstag des Kaisers (15. März 1657): Die Crème de la crème der chinesischen Gesellschaft, die kaiserliche Familie, die Spitzen des Staates und all die Hochwichtigkeiten versammelten sich im Palast zur Beglückwünschung des Himmelssohnes, der aber die Gratulanten wie Luft behandelte und auf Adam Schall zueilte, um ihm seinen plötzlichen Beschluss kundzutun: „Mafa, ich will das Ereignis nicht in der Burg, sondern in deinem Haus feiern.“

Schall war wie vom Schlag getroffen. Er sauste wie betäubt nach Hause, um eine Festtafel mit Leckerbissen zu improvisieren. Im Empfangssaal bereitete er den Tisch für den Kaiser und seine Angehörigen und auf der Straße zwölf Tische für die Magnaten.

Die Staatszeitung verbreitete im ganzen Land, wie der Kaiser seinen europäischen Freund ehrte.

Um seinen Meister zu erfreuen, ließ der Kaiser eines Tages auf der breiten Straße vor der Jesuitenresidenz das vergnügliche Schauspiel eines Elefantenrennens mit achtzehn Dickhäutern veranstalten.

Schall hatte unbeschränkten Zutritt zum Kaiser, der ihn auf seinem Landhof, in seinem von Hirschen, Gämsen und anderem Wild belebten Forst und in seinem Palast empfing und bewirtete. Der Himmelssohn überließ ihm seine Decke aus Zobelfell, wenn sich Schall im Schneidersitz zum Gespräch niederließ. Die Beine auszustrecken galt als unhöflich, der Europäer musste also nach orientalischer Art mit untergeschlagenen Beinen sitzen, die ihm oft einschliefen. Wenn sich Schall erhob, half ihm deshalb der Kaiser auf die Füße. Der Kaiser selbst pflegte seinem Gast in einem Goldpokal den Ehrentrunk zu reichen, Tee mit Milch.

Einmal fiel dem Kaiser auf, dass Schall nichts aß. Er erkundigte sich nach dem Grund, und als er aus dem Munde Mafas erfuhr, dass heute ein christlicher Fasttag wäre, an dem er kein Fleisch essen dürfte, ließ er aus den Gemächern der Kaiserinmutter Fisch- und Milchspeisen herbeischaffen.

In dankbarer Hochachtung verehrte ihm der Kaiser nach dem Mahl zwei Fächer, die er eigenhändig bemalt und mit dem kaiserlichen Siegel bedruckt hatte.

Ein hoher Regierungsbeamter, dem er das Geschenk zeigte, beteuerte: „Dafür würde ich zweitausend Goldstücke zahlen."

Der Kaiser war um die Sicherheit Schalls besorgt. Er ließ den alten, weißbärtigen Mann, der in den Sechzigern stand, abends nie allein heimreiten, sondern nur unter dem Schutz mehrerer Adeliger oder Prinzen, die ihn bis zum Haus geleiteten. Sie hatten zu sorgen, dass ihm nichts zustieß.

Der wissensdurstige kaiserliche Schüler ließ sich von Adam Schall in die Geheimnisse der Himmelserscheinungen einweihen; sie sprachen über die Entstehung von Sonnen- und Mondfinsternissen, über die Ordnung und die Namen der Sterne, über Planeten und Meteore.

Eifrig unterhielten sie sich über die Kunst des Regierens und die Wohlfahrt des Staates.

„Mafa" Schall und der lernbegierige Himmelssohn, Kaiser Shunzhi

„Warum sind die Staatsdiener und Amtsträger meist pflichtvergessen und unzuverlässig, obwohl ich sie überaus nachsichtig behandle?" fragte der Kaiser.

Schall wich nicht aus und erwiderte freimütig: „Ich glaube, Herr, die Beamten richten sich nach dem Beispiel Eurer Majestät."

Der Kaiser zuckte verletzt zusammen und stürzte aus dem Zimmer. Waren es die scharfen, unverblümten Worte Schalls oder die eigenen Gewissensbisse, die die Seele des Kaisers verwundet hatten? Offensichtlich seine Schuldgefühle, denn nach einer Weile kam der Monarch zurück, zerknirscht und nicht zornig, und servierte seinem Meister Tee mit Milch. Hatte er etwa bereut, dass er die Zügel der Regierung schleifen ließ, wenn er von der Sportbegeisterung und vom Jagdfieber erfasst war?

Schall war sich bewusst, dass ein Wink des Kaisers, des unumschränkten Herrn, genügt hätte, ihn zu zermalmen.

Der Kaiser nahm sich den Tadel Schalls zu Herzen und bat Mafa offen auszusprechen, was er an seinem Regierungsstil zu beanstanden hätte. Denn er zweifelte nicht einen Augenblick an der aufrichtigen Loyalität seines „Großväterchens".

Schall hatte Tränen in den Augen, als er den Kaiser ermahnte, dem Volk kein strenger Stiefvater, sondern ein milder, freundlicher Vater zu sein, nicht alle Staatsgeschäfte auf die Höflinge abzuschieben und die Amtsträger wohlwollend und gütig zu behandeln nach dem Grundsatz: Was du nicht willst, dass man dir tu, das füge keinem andern zu.

Von Amts wegen war der Oberhofmeister zum Monitor des Kaisers berufen. Er war befugt, den Kaiser notfalls an seine Obliegenheiten zu erinnern. Doch damit machte der Himmelssohn jetzt Schluss. Er stauchte den schulmeisternden Oberhofmeister zusammen: „Ich habe schon einen Mahner. Ich entbinde den Oberhofmeister von seiner Pflicht. Alle anderen suchen nur den eitlen Ruhm. Tang Ruowang allein handelt in reiner Absicht."

Das riskanteste Bravourstück brachte Schall zuwege, als der Piratenboss Koxinga (Zheng Chenggong) die Hauptstadt des Südens, Nanking (Nanjing), angriff. Der alarmierte Kaiser verlor die Nerven und wollte Hals über Kopf in die Mandschurei, die Heimat seiner Väter, flüchten.

Seine Mutter ging mit ihm scharf ins Gericht: „Was deine Vorfahren durch Heldenmut gewonnen haben, verlierst du durch Feigheit. Was für ein Jammerlappen sitzt auf dem Drachenthron!"

Shunzhi wollte den mütterlichen Vorwurf, ein schreckhafter Weichling zu sein, nicht auf sich sitzen lassen, er, der Sohn von Steppenhäuptlingen, denen der Kampf im Blut lag. In seiner heftigen Gemütsart konnte Shunzhi wie ein Wahnsinniger toben. In blinder Raserei zertrümmerte er den Drachenthron und schrie: „Ich ziehe in den Krieg, um zu siegen oder zu fallen. Das ist mein unabänderlicher Entschluss. Ich werde jeden mit dem Schwert zerstückeln, der mir widerrät."

Sogar seine Mutter und seine Amme, die Öl auf die Wogen zu gießen trachteten, bedrohte der Tobsüchtige mit dem Schwert, sie entwichen seinen Hieben und nahmen Reißaus.

Am nächsten Tag konnten die Bewohner Pekings an den Stadttoren die öffentliche Mitteilung des Hofes lesen, dass der Kaiser persönlich in den Kampf ziehen würde. Das war heller Wahnsinn in den Augen der Prinzen, der Staatsfunktionäre und des Volkes. Entsetzen breitete sich in Peking aus. Wenn der hitzköpfige Kaiser auf dem Schlachtfeld den Tod fände, stürzte das Reich in ein neues Chaos.

In jenen Tagen richteten sich aller Augen auf Tang Ruowang, ihm allein traute man das Kunststück zu, den Kaiser umzustimmen.

Alle Minister, Hofräte und Senatoren wallten in endlosen Bittprozessionen in die Jesuitenresidenz, um Tang Ruowang zur Intervention zu veranlassen. Schall war lange unschlüssig. Im Gebet rang sich der Jesuit aber zu dem Entschluss durch, „für das öffentliche Wohl und den Fortschritt der Mission sein Leben aufs Spiel zu setzen".

Schall warf sich vor dem Kaiser zu Boden: „Herr, Ihr dürft nicht hasardieren. Ihr dürft nicht das Reich seinem Schicksal überlassen und der Gefahr des Untergangs aussetzen. Ich warne Eure Majestät, mit dem Einsatz Eures Lebens ist nichts gewonnen. Ich lasse mich lieber in Stücke hauen, als meiner Pflicht untreu zu werden."

Der Kaiser war gerührt: „Du meinst es gut mit mir, Mafa, ich danke dir."

Jubelnd proklamierte der Hof: „Der Kaiser zieht nicht in die Schlacht!"

Die Vornehmsten des Reiches erschienen daraufhin in der Jesuitenresidenz, um vor Tang Ruowang, dem „Retter des Vaterlandes", in demütiger Ehrerweisung in die Knie zu fallen.

Schall riet dem Kaiser, gegen den Piratenhäuptling Koxinga eine neue und gut besoldete Armee einzusetzen. Dies geschah 1653 mit großem Erfolg: Koxinga wurde verjagt.

Um die Kriegszucht nicht erschlaffen zu lassen, befolgten die Mandschu in unnachsichtiger Härte seit alters das Gesetz, alle Generäle hinzurichten, wenn der kaiserliche Statthalter als oberster Feldherr im Kampfe fiel, weil sie es versäumt hatten, den Heerführer zu retten.

Im Kampf gegen die Aufrührer im Süden geschah es, dass sich ein ruhmsüchtiger Statthalter voreilig in die Schlacht stürzte, bevor noch die Generäle mit der Hauptmacht nachgerückt waren. Gegen die Übermacht des Feindes war er trotz schneidiger Gegenwehr verloren. Der tollkühne Kommandeur wurde umzingelt und erschlagen. Die später eintreffende Streitmacht erfocht zwar einen glänzenden Sieg, konnte aber nur mehr die Leiche und nicht mehr das Leben ihres obersten Anführers retten.

Soldat

Wie das Gesetz es befahl, wurden die Offiziere, zweihundert, in Ketten geworfen und zum Tode verurteilt.

Niemand wagte es, die unschuldigen Offiziere in Schutz zu nehmen, niemand außer P. Schall. Der Jesuit redete dem Kaiser ins Gewissen: „Herr, die Offiziere haben sich keiner Saumsal schuldig gemacht. Der Statthalter hat unüberlegt und überstürzt den Tod herausgefordert. Ich bitte Eure Majestät, die zum Tode Verurteilten zu begnadigen."

Der Kaiser atmete auf: „Wieder bist du der Einzige, der mir aus dem Herzen spricht, Mafa. Längst ist es mein Wunsch gewesen, diesen Leuten das Leben zu schenken. Doch ich wusste nicht, wie ich es anstellen sollte, um dem Vorwurf auszuweichen, dass ich, ein Jüngling noch, der Erste sei, der die Kriegszucht schwäche."

Dank der Fürsprache Schalls amnestierte der Kaiser die zweihundert Offiziere.

Adam Schall hat in seinen Glanzjahren von 1651 bis 1657 immer wieder Einfluss auf die Staatsgeschäfte genommen, nicht nur, wenn ihn der Kaiser um Rat fragte. Ein solider Kenner des Lebenslaufes von Adam Schall hat sich sogar gefragt, ob der Kölner Jesuitengelehrte auf seinem Höhepunkt nicht der heimliche Regent Chinas war.*

---

* Alphons Väth S.J. (der Pionier der Schall-Biografie). Siehe Literaturverzeichnis

Der Geist war willig, aber das Fleisch war schwach: der junge Kaiser hatte mit einer mächtigen Sinnlichkeit und Triebhaftigkeit zu kämpfen. Er heiratete schon im Alter von dreizehn Jahren die mongolische Prinzessin Borjigin, aber außereheliche amouröse Beziehungen gehörten zu seinem Alltag.

Wenn Schall sittliche Verfehlungen des Kaisers zu Ohren kamen, zögerte er nicht, seinen Schützling unter vier Augen zurechtzuweisen. Meistens brauste der kaiserliche Jüngling zuerst ungehalten auf, verteidigte sich mit Ausreden und zog sich beschämt in die inneren Gemächer zurück. Wenn sich Schall aber entfernte, rief ihn der Kaiser zurück, um ihn zu ermuntern, sich in Zukunft nicht abhalten zu lassen, ihn zur Liebe und zur Tugend anzuleiten: „Ich will mich bessern.“

+

Die ursprüngliche Religion der Mandschu war der Schamanismus, ein hypnotischer Zauber- und Dämonenkult, der aber im Lauf der Zeit mit dem buddhistischen Lamaismus der umwohnenden Mongolen verschmolz. Besonders die Kaiserinmutter war als Mongolin der Lamareligion gewogen, sodass die Lamapriester (Bonzen) mit ihren magischen Beschwörungen und Krankenheilungen eine unheimliche Wirksamkeit im Reich und am Hof entfalten konnten.

Der Oberbonze ließ sich König nennen und auf den Schultern der Gläubigen durch die Hauptstadt tragen. Die Lamas ließen nichts unversucht, um den Kaiser zu umgarnen. Sie drohten ihm den Tod an, wenn er den Lamaismus nicht favorisierte.

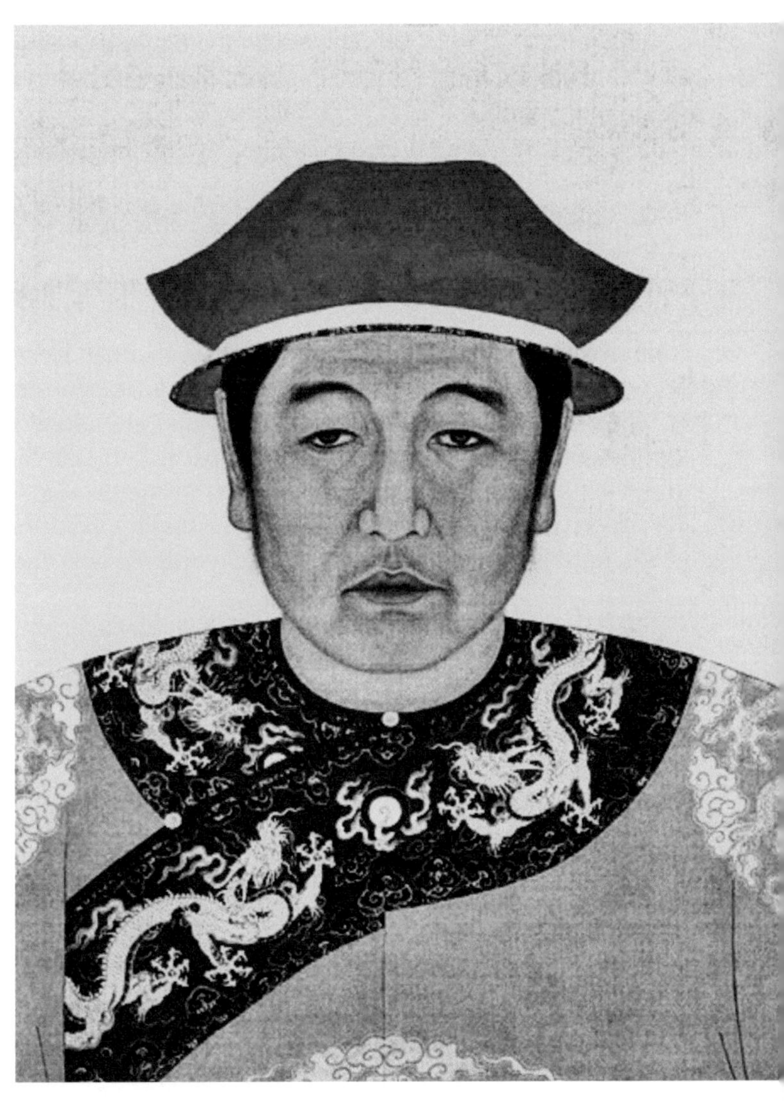

Kaiser Shunzhi

Vorerst gelang es Schall, den beherrschenden Einfluss der Lamareligion zu brechen, denn der Kaiser neigte entschieden dem christlichen Glauben zu.

+

Die Religionsgespräche mit Schall fesselten ihn. Einmal rief er einen Hofschreiber, der notieren sollte, was Schall über die Unsterblichkeit, die Natur Gottes, die Gnade, das Leben Christi und die Zehn Gebote zu sagen hatte. Schall winkte ab, das wäre überflüssig, denn er und andere Jesuiten hätten in chinesischer Sprache Bücher über die Glaubenswahrheiten geschrieben. Obwohl es draußen stürmte, befahl der Kaiser, ihm sofort die Bände zu überbringen. Er nahm sie ehrfurchtvoll entgegen, schloss sich in seinen Gemächern ein und vergrub sich die ganze Nacht in die Bücher.

Den anderen Tag entdeckte er in der kaiserlichen Bücherei das illustrierte Leben Jesu, das einst Herzog Maximilian von Bayern für die Chinamission hatte malen und schreiben lassen und das Schall dem letzten Mingkaiser geschenkt hatte.

Besonders das Leiden Christi wühlte Shunzhi auf. Er fiel auf die Knie, der herbeigerufene P. Schall kniete sich neben ihn und erklärte ihm anhand der Bilder den Kreuzweg Christi.

„Oft habe ich chinesischen Gelehrten das Leiden Christi verständlich zu machen versucht", bekannte Schall. „Doch in ihrem angeborenen Stolz hielten sie für Torheit, was unser Erlöser für uns gelitten hat, oder sie hörten nur gelangweilt zu, oder sie machten sich gar darüber lustig. Doch dieser große Monarch warf sich demütig auf die Knie und lauschte meinen Worten mit unsagbarer Ergriffenheit."

Im Haus der Jesuiten ließ sich der Kaiser den Gebrauch des Betschemels und das Rosenkranzgebet erklären, fragte den Meister nach seinen religiösen Übungen, seiner Lebensart und seinen Ordensregeln aus, in der Kirche versenkte er sich in das Bild des Erlösers auf dem Schweißtuch der Veronika. Schall schlug ihm vor, das Bildnis in seinem Palast abmalen zu lassen. Vier Hofmaler boten ihre Künste auf, aber keinem gelang eine getreue und lebendige Kopie.

„Herr, behaltet das Original", forderte er den Kaiser auf. Der Monarch lehnte ab: „Ich bin nicht würdig, es zu verehren."

Zu Weihnachten fand sich der Kaiser an der Krippe ein, staunend heftete er seine Blicke auf Jesus, Maria und Josef, die Engel, die Heiligen Drei Könige und die Hirten.

Zum Fest der Heiligen Drei Könige erschien er abermals in der Kirche, diesmal fehlten aber ausgerechnet die drei Könige.

„Wo sind Kaspar, Melchior und Baltasar?" erkundigte sich der Kaiser.

Schall erwiderte: „Die drei Könige sind heute überflüssig, wenn der größte König der Welt — der Kaiser von China — dem menschgewordenen Gott huldigt."

+

Doch die Lamas schliefen nicht. Sie luden 1652 ihren Gottkönig, den in Lhasa, der Hauptstadt des Schneelandes Tibet, ansässigen Dalai-Lama nach Peking ein. Der als lebender Buddha göttlich verehrte Dalai-Lama — Ngawang Lobsang Gyatso (reg. 1642-1682) — sollte im Reich der Mitte die von Wundertuerei und Zauberwesen durchwobene Beschwörungsreligion zum Triumph führen und den Abfall des Kaisers von dem in China noch nicht verwurzelten Lamaismus verhüten.

Ngawang Lobsang Gyatso, der V. Dalai Lama

Denn der Kaiser war unter dem Einfluss Schalls mehr und mehr von den Lamas abgerückt, die auf Befehl des Hofes sogar den Bau eines großen Tempels einstellen mussten.

Die Lamas gaben vor, der Ewige Vater, wie das Oberhaupt des Lamaismus genannt wurde, verfolgte mit seinem angekündigten Besuch einzig und allein den Zweck, den Kaiser und seine Familie zu segnen und dem Reich mit geheimnisvollen Zaubersprüchen und Weihehandlungen das Glück zu sichern.

Die Lamas in Peking bedrängten den Kaiser, ihren göttlichen Hohepriester, der sich mit einem Gefolge von dreitausend Lamas und dreißigtausend Mongolen dem Reich der Mitte näherte, an der Reichsgrenze zu empfangen: Schon war der Kaiser, zermürbt durch Drohungen mit bösen Geistern, geneigt, eine Reise von zwei Monaten auf sich zu nehmen, um den Fürsten der buddhistischen Gelben Kirche ehrenhalber abzuholen. Adam Schall ruhte nicht, um dem Kaiser schriftlich und mündlich das „schändliche" Vorhaben auszureden, und hatte Erfolg. Der Kaiser entschloss sich, ihm keinen Schritt entgegenzugehen und seinen Halbbruder, der ein Jünger der Lamas war, als seinen Delegierten mit dem Empfang an der Grenze zu beauftragen.

Nicht einmal am Stadttor begrüßte der Kaiser den in prunkvollem Zug — eskortiert von dickgewandeten Großäbten und Zeremonienmeistern mit Diamantzeptern und Gebetsfahnen und beweihräuchert von Mönchen — an einem Novembertag eintreffenden „fortlebenden Buddha". Der Kaiser ließ sich durch seinen Onkel vertreten.

Der Lamaismus, der mit bizarren sakralen Riten und Praktiken übersinnliche Kräfte erwecken zu können verhieß, wirkte durchaus verführerisch auf die Massen, die stets einer mechanisierten und erotisch gefärbten Frömmigkeit zugänglich waren.

Der Kaiser begab sich beim Einzug des Dalai-Lama in Peking, der ein fantastisches Schauspiel für Augen und Ohren bot, in einem Forst auf die Jagd, um den Gottkönig nicht in seiner Burg empfangen zu müssen. Er gewährte ihm eine Audienz im Jagdpark. Die einzige Ehre, die er ihm dabei erwies, war, dass er sich von seinem Thron erhob und seinem Gast die Hand reichte.

Der vermessene Dalai-Lama verlangte vom Himmelssohn, dass er ihn zu seinem Lehrmeister erwählen und dass er die Lamabonzen bevorrechten sollte, um von den bösen Geistern, die nur von den Lamas beherrscht werden könnten, verschont zu werden.

Der Kaiser ging nicht auf das Ansinnen des Dalai-Lama ein, riet ihm, sich von den Strapazen der mehrmonatigen Reise ein paar Wochen in Peking zu erholen, und entließ ihn mit reichen Geschenken.

Die Lamas prophezeiten, dass der Besuch ihres Oberhauptes das Reich der Mitte heiligen und dem Land Wohlstand und Glück bescheren würde. Doch kaum war der Gottkönig abgereist, wurde das Land geschlagen durch Kriegsunglücke, Blatternepidemien, Hungersnöte und Überschwemmungen. Junge und Alte wurden zuhauf dahingerafft. Angesichts der zahllosen Todesopfer, der verwüsteten Felder und eingestürzten Häuser geriet das Volk in Verzweiflung. Der Kaiser, der ein schlechtes Gewissen hatte, weil dem Dalai-Lama in Peking göttliche Verehrung zuteil geworden war — er sah in den Heimsuchungen eine Strafe des Himmels —, spendete zur Wiedergutmachung des Unrechts anderthalb Millionen Goldstücke aus seiner Kasse als Almosen für die Notleidenden.

+

Eines Tages saß der Kaiser wie schon oft unter der riesigen Platane im Garten der Jesuitenresidenz, als ein fünfjähriges Knäblein erschien, tatarisch gekleidet, und dem hohen Gast in höchster Sorgfalt, perfekt wie ein altgedienter Höfling, alle Zeremonien der Kaiserverehrung darbot. Der Kaiser hatte Spaß an der artigen Begrüßung und erkundigte sich bei Schall, wessen Sohn das Bürschlein wäre.

„Herr, der Junge ist das Kind meines Hausdieners Pan Jinxiao."

Der vergnügte Kaiser beschaffte dem Vater des manierlichen Kindes zur Belohnung für seine Erziehungskunst eine Stelle in einem Palastamt und legte dem Jesuiten nahe, den kleinen Buben als Enkel zu adoptieren, der im Alter für ihn sorgen könnte und seinen berühmten Namen weiterführen würde.

In seiner Gutmütigkeit willfahrte Schall dem kaiserlichen Wunsch, der in einem späteren offiziellen Dekret des Thrones wie folgt formuliert wurde: „Eingedenk der Tatsache, dass Tang Ruowang das Gelübde der Keuschheit und lebenslanger Ehelosigkeit abgelegt hat und daher wie ein Verbannter traurig, einsam und ohne Stütze leben muss, wünschte der Kaiser, dass er einen Knaben als Adoptivenkel annehme."

Der Adoptivenkel erhielt den chinesischen Familiennamen Schalls, Tang, und hieß fortab Tang Shihong.

Der Vater des Adoptivenkels, dem der Kaiser ein Amt in einem Tribunal zuschanzte und einen militärischen Dienstgrad verlieh, hat als Hausdiener Pater Schalls der Mission und dem Christentum zweifellos mehr geschadet als genützt. Er war zwar weltgewandt und anstellig, aber gleichzeitig frech und aufgeblasen und behandelte die Besucher der Jesuitenresidenz gerne von oben herab. Seinetwegen erstanden Adam Schall so manche Gegner.

Knabe im Mandschu-Look

Rückblickend auf die fünfziger Jahre des 17. Jahrhunderts konnte der protestantische Fernost-Missionar und Geschichtsschreiber Karl Gützlaff über Schall urteilen: „Er war, ohne den Titel zu führen, einer der tatkräftigsten Minister, die China je gehabt hat."

Der Kaiser überhäufte seinen Ratgeber und Freund mit Auszeichnungen. Schon 1651 erhielt Adam Schall die Titel „Hohes Ratsmitglied", „Oberaufseher des Kaiserlichen Marstalls" und „Präsident des Amtes der kaiserlichen Opfer".

1653 suchte der Kaiser ein Prachtpapier aus und schrieb darauf in goldenen Buchstaben, umrahmt von kunstvoll gemalten Drachen: „Ich will, dass du mit dem Titel >Meister himmlischer Geheimnisse< geschmückt seist" und stempelte die Urkunde mit dem kaiserlichen Siegel.

Dazu diktierte er einem Schönschreiber ein Diplom mit folgender Lobeshymne:

„Du, Tang Ruowang, bist unter den letzten Ming vom Westen zehntausend Li weit über die Meere nach Peking gekommen. Du bist sehr gut unterrichtet über die Stellung der Himmelskörper und in der Kalenderberechnung gründlich erfahren. Du wardst vom großen Literaten Xu Guangqi eigens empfohlen, die Astronomie zu reformieren. Die Fachgelehrten der Zeit waren dir im Berechnen und Beobachten nicht gewachsen. Aber weil du ein Ausländer bist, waren sie neidisch und hinderten trotz deiner zehnjährigen Arbeit deinen Erfolg. Als ich durch die Gnade des Himmels unsere Dynastie gründete, ließ ich durch dich den großen Kalender der großen Qing-Dynastie bearbei-

ten. Bei der Ausführung dieser Aufgabe hast du großen Fleiß, vollkommene Rechtschaffenheit, eine unvergleichliche Hingabe und in der Verwaltung des Amtes große Treue an den Tag gelegt. Du hast die alten Astronomen übertroffen. Ich verleihe dir den Ehrentitel >Meister himmlischer Geheimnisse<. Du sollst das astronomische Amt weiter verwalten. Alle mögen dies wissen: Der Himmel hat uns einen weisen Mann geschenkt, der die Zeiten messen, die Fehler von Jahrtausenden verbessern und einen vortrefflichen Kalender für unsere Dynastie abfassen konnte. Dies ist sicher nicht durch Zufall geschehen. Welche Ehre für dich, dass dein Name auf Grund der vollendeten Ausführung deiner Arbeit und der Meisterschaft in deiner Wissenschaft in den amtlichen Aufzeichnungen der Nachwelt überliefert wird! Das ist der Gegenstand unserer Verordnung. 2. April 1653."

Den Titel „Meister himmlischer Geheimnisse" bezogen weder die Christen noch die Nichtchristen nur auf die Sternkunde, sondern ebenso auf das Christentum. 1657 wurde Adam Schall „Präsident der kaiserlichen Kanzlei", damit verbunden war die Erhebung in den Rang eines Mandarins der Klasse 3a.

1658 wurde er zum „Kaiserlichen Kämmerer" oder „Hohen Würdenträger der Kaiserlichen Bankette" ernannt und zur Würde eines Mandarins der Klasse 1a befördert. Das war der Gipfel in der kaiserlichen Hierarchie. Sein neues Rangzeichen war ein Rubin als Knopf seines zweistöckigen, spitz zulaufenden Mandarinhutes und auf seiner scharlachroten Tunika ein Brustschild mit einem goldgestickten Kranich, der seine Schwingen zum Flug öffnet.

Kaiser Shunzhi

Entsprechend chinesischer Gepflogenheit adelte der Kaiser mit rückwirkender Kraft auch die längst in deutscher Erde ruhenden Eltern, Großeltern und Urgroßeltern Adam Schalls mit der Verleihung der chinesischen Mandarinwürde.

Der Urgroßvater des Jesuiten, Johann Schall von Bell zu Waldorf, Gleuel und Morenhoven, und die Urgroßmutter Margaretha von Gymnich hätten sich nie träumen lassen, dass sie nach anderthalb Jahrhunderten posthum die chinesischen Namen Dulu und Zhaoshi bekommen würden. Der Großvater Johann Schall von Bell und die Großmutter Lysa von Aldenbockum erhielten die Namen Yuhan und Lang und der Vater Heinrich Degenhard Schall von Bell und die Mutter Maria Scheiffart von Merode die Namen Liguo und Xie. Vater und Mutter wurden mit den kaiserlichen Titeln „Mann von seltener Frömmigkeit" und "Matrone von ausnehmender Heiligkeit" geschmückt.

Für die neuerbaute und 1652 eingeweihte erste öffentliche katholische Kirche in der Residenzstadt Peking — die Nantang (Südkirche) — stiftete der Kaiser eine Gedenksäule mit einer langen Inschrift, die die Verdienste Schalls ausführlich würdigte. Sie schließt mit dem Lob: „Tang Ruowang befolgt getreu seine Religion und ehrt seinen Gott. Er baut neue Kirchen, und mit unermüdlichem Eifer bekundet er dort stetige Ehrfurcht und bewundernswerte Reinheit. Dafür verdient er all unsere Bewunderung. Wenn die Beamten mit gleicher Vollkommenheit ihrem Monarchen dienten, wären sie Muster des Fleißes. Davon tief ergriffen, gewähren wir in kaiserlicher Huld für das Gotteshaus die Bezeichnung: >Des tiefgründigen Lehrers glückbringender Ort<."

Die Pockengöttin schlug zu

Den Kaiser erfasste eine unselige Leidenschaft zu der siebzehnjährigen Xiaoxian, die mit einem mandschurischen adeligen Offizier verheiratet war.

„Lockere Liebschaften sind Gift", mahnte Schall.

Doch die Liebesglut entfachte eine Feuersbrunst der Lüste, die den Kaiser zu verschlingen drohte. Er betete Xiaoxian an. Er entriss sie brüsk ihrem Gemahl, den er höchstpersönlich mit einer Ohrfeige züchtigte, als er seiner untreuen Frau eine Szene machte. Der Gatte der Favoritin des Kaisers überlebte den Schimpf und die Schande nicht lange, er starb aus Harm.

Der Himmelssohn nahm die junge Witwe, die ihn maßlos betörte, 1656 zu sich in den Palast, setzte die erste Kaiserin ab und erhob Xiaoxian zur „Kaiserlichen Gemahlin der ersten Klasse".

Ganz eingenommen von seiner neuen Lieblingsgemahlin, verschlampte er die Staatsgeschäfte. In seinem Liebesrausch gingen ihm die Moralpredigten Schalls heftig auf die Nerven.

Die Lama-Bonzen hingegen schürten die sexuellen Abenteuer des Kaisers. Sie wussten, warum sie ihn zu einem ausschweifenden Leben verleiteten. Das machte ihn schwach und sie stark.

Shunzhi entfremdete sich dem Christentum, sein Interesse für Politik erlosch. Das war die Stunde der Hofeunuchen, die im Verein mit den Lamas die Zügel der Regierung ergriffen. Der buddhistische Lamaismus bekam Oberwasser.

Am 12. November 1657 schenkte Xiaoxian dem Kaiser einen Sohn, Prinz Rong Qinwang, doch der freudig begrüßte Thronerbe starb nach drei Monaten. Die Festlegung der Begräbnisfeierlichkeiten durch Astronomen bzw. Astrologen, sprich Sterndeuter, hatte böse Folgen für Adam Schall. Der günstige Zeitpunkt und der richtige Platz für die Beerdigung wurden im Reich der Mitte bekanntlich in den Sternen ergründet. Der mandschustämmige Kultusminister Enggeder, der die Bestattungszeremonien zu lenken und leiten hatte, hielt sich aber nicht einmal an das Gutachten der Astrologen und bestimmte die Begräbnisstunde auf eigene Faust.

Da geschah es, dass die damals zweiundzwanzigjährige Lieblingsfrau des Kaisers ihrem Söhnlein ins Grab folgte.

Die Abergläubischen forschten nach den Gründen und deckten auf, dass die Beisetzung ihres Kindes zum falschen Zeitpunkt stattgefunden hätte, wodurch die Harmonie im Weltall gestört worden wäre. Schuld an dem Tod der Favoritin des Kaisers war also der mandschurische Kultusminister Enggeder, der die Sternbefragung außer Acht gelassen und den Termin nach eigenem Ermessen fixiert hatte. Er wurde zum Tode verurteilt, doch durch die Fürsprache Schalls begnadigt. Enggeder wurde lediglich außer Dienst gestellt.

Doch Schall erntete nichts als Undank. Der Exminister verfolgte seinen Lebensretter, wie wir sehen werden, mit tödlichem Hass.

Zweitausend Lamas in prächtigen Ornaten inszenierten die pompösen Trauerfeierlichkeiten für die hingeschiedene Lieblingsfrau des Kaisers mit ohrenbetäubender Musik, Fanfaren, Klingeln und Glocken, mit hypnotisierenden Hand- und Fingerbewegungen; eingehüllt in Weihrauchschwaden sprengten sie Wasser aus, warfen Reiskörner. Durch ihr dramatisches Ritual versetzten sie die Trauergäste in Trance.

Eine barbarische Sitte, die die Mandschu längst begraben hatten, feierte hier Auferstehung: Dreißig Eunuchen und Palastdamen mussten sich bei der Leichenfeier auf Befehl des Kaisers selbst entleiben, um der Verstorbenen im Wandel durch die jenseitige Totenwelt als Diener zur Verfügung zu stehen.

Das Volk musste drei Tage und die Beamtenschaft einen Monat trauern. Der Kaiser versank in Trübsinn. Er wurde zum willenlosen Werkzeug in der Hand der Lamas, rasierte sich den Kopf kahl, spendete Unsummen für Tempelbauten und wäre um ein Haar selbst buddhistischer Mönch geworden, hätte ihn nicht seine Mutter gebremst.

Um Trost zu finden, verschrieb er sich dem Meditationsweg des Chan (Zen), einer der zahlreichen buddhistischen Schulen des Reiches. Den Chan/Zen-Buddhismus empfand der Kaiser als Balsam für seine spirituellen Wunden. Daher öffnete er der buddhistischen Erleuchtungslehre den Hof und ließ sich von prominenten Zen-Meistern unterweisen.

Das war für Adam Schall eine schmerzliche und gallebittere Lektion. Seit Matteo Ricci haben die Jesuitenmissionare in China den Buddhismus unterschätzt.

Bonze: buddhistischer Mönch

Weil sie sich voll und ganz dem Studium des Konfuzianismus hingegeben haben, wurden sie weder dem als „Sekte der Götzendiener" abgetanen Buddhismus noch dem als „Sekte der Magier" herabgesetzten Daoismus gerecht, beides Religionen — die Chinesen sprechen von „Lehren" —, die eine ausgefeilte Philosophie und Psychologie und eine tiefe Spiritualität hatten. Das blieb den gelehrten Missionaren verborgen, die nur die offensichtlichen Auswüchse naiver Volksfrömmigkeit und die spiritistischen Praktiken im Auge hatten.

Adam Schall war in jenen Tagen ausgebootet, aber keineswegs in Ungnade gefallen. Der Mandschukaiser Shunzhi hatte vor nicht langer Zeit noch jenem König Agrippa geglichen, der einst dem Apostel Paulus gesagt hatte: „Fast überredest du mich dazu, mich als Christ auszugeben" (Apg 26,28). Der Geist des Kaisers von China war nach wie vor von der christlichen Lehre eingenommen, aber sein Fleisch bäumte sich gegen die Religion des Kreuzes auf.

Schall erinnerte sich an das Gespräch, das er mit dem Kaiser über die Zehn Gebote geführt hatte. Der Kaiser hatte entmutigt gefragt: „Sind auch Könige verpflichtet, die Zehn Gebote zu befolgen?" Schall hatte erwidert: „Diese mehr als andere, weil sie ihren Untergebenen mit gutem Beispiel vorangehen müssen." Daraufhin hatte der Kaiser kapituliert: „Meine Kräfte sind zu schwach, um so Außerordentliches zu leisten."

Noch 1660 hatte der jetzt dem Buddhismus ergebene Kaiser das Bedürfnis, Schall zu trösten. Er schrieb ihm einen Brief: „Dein christlicher Glaube ist bereits weit verbreitet. Durch Deine Bemühungen ist die astronomische Wissenschaft bekanntgeworden. So arbeitest Du, Ruowang, für das Reich. Wie sollte sich da das Herz des Kaisers nicht freuen! Du, Ruowang, weißt, wie das Reich regiert werden sollte. Komm daher zu mir, um darüber zu sprechen. Ruowang, bewahre meine Worte in Deinem Herzen."

Ist aus diesem Brief nicht ein Unterton des Bedauerns oder der Entschuldigung herauszuhören, dass er, der Kaiser, dem alten Meister, seinem „verehrungswürdigen Großväterchen", dem noch seine Zuneigung gehörte, herbe Enttäuschungen bereitete?

Selbst angesichts des Todes war der Kaiser seinem ergrauten Mafa dankbar. Er bekannte: „Es ist in der ganzen Hauptstadt niemand, noch konnte bisher einer im ganzen Reiche gefunden werden, der so aufrichtig mit mir handelte."

Der Besuch Schalls wurde zu einem Besuch am Sterbebett. Die Blatterngöttin, der im Kaiserpalast ein eigener Tempel geweiht war, weil die Mandschu einen panischen Schrecken vor den schwarzen Pocken hatten, verschonte den von der Trauer um Xiaoxian und einem Tuberkuloseleiden geschwächten Kaiser nicht. Er erkrankte an Pocken. Im Gespräch mit Schall zeigte der Kaiser Reue, er klagte sich seiner Schwächen an und fasste gute Vorsätze. Den entscheidenden Schritt der Umkehr verschob er aber.

Für den Fall seines Todes bestimmte er seinen Vetter zum Nachfolger. Doch die Kaiserinmutter beschwor ihn, einen Sohn zum Thronfolger zu ernennen.

Unschlüssig wandte sich der erschöpfte Kaiser ein letztes Mal an Schall um Rat.

Der Jesuit schlug den sechsjährigen Xuanye, den dritten der acht Söhne des Kaisers, zum Erben des Drachenthrons vor. Der von Schall empfohlene und von Shunzhi auf den Rat des Jesuiten erwählte Thronfolger ist unter dem Namen Kangxi als einer der größten Herrscher Chinas, wenn nicht als der größte, in die Geschichte des Reiches der Mitte eingegangen.

Nach der Ernennung seines Nachfolgers schloss Shunzhi, gekleidet in den prächtigen, mit goldgestickten Drachen geschmückten Ornat des Kaisergeschlechts, am 5. Februar 1661 gegen Mitternacht für immer die Augen, zweiundzwanzig Jahre alt.

Speziell die Forderungen des sechsten Gebotes waren für den Kaiser eine unübersteigbare Hürde gewesen, die ihm den Weg zum Christentum versperrte.

Schall selber war überzeugt, dass der Kaiser die christlichen Wahrheiten mit dem Verstand geglaubt hatte und dass sein Übertritt zum christlichen Glauben letztlich nur daran gescheitert war, „dass er die Fleischeslust nicht überwinden konnte".

Der kühnste Weltreisende

Nach dem Tod des Kaisers Shunzhi blickte die chinesische Kirche in eine düstere Zukunft. Gewitterwolken und Donnergrollen zogen herauf.

Jesuitengeneral Goswin Nickel

Adam Schall beeilte sich, in seiner Funktion als Ordensverantwortlicher in Peking eine Expedition in die Wege zu leiten, die wie eine Mondfahrt anmutete. In Rom hatten sich nämlich der Papst und der Jesuitengeneral Goswin Nickel in den Kopf gesetzt, für die dem Fernen Osten zugeteilten Missionare einen Landweg zwischen Europa und China ausfindig zu machen, um den umständlichen, langwierigen und gefährlichen Seeweg mit der Umschiffung Afrikas zu vermeiden.

Damals häuften sich im Südchinesischen Meer die Angriffe holländischer Kaperschiffe und chinesischer Piratenflotten auf die portugiesischen Karacken mit den Missionaren und der Post an Bord. Das kostete vielen Glaubensboten das Leben und unterbrach die

Korrespondenz. Die Antwort auf eine Anfrage in Rom erreichte die Chinamissionare zuweilen erst nach 4, 5 oder 6 Jahren, oder die Briefe kamen überhaupt nicht an, weil sie bei einem holländischen Angriff ins Meer geworfen wurden. Von daher war es verständlich, dass Rom wissen wollte: Gab es nicht eine kürzere und sicherere Landroute als Alternative zu dem gewundenen Seeweg.

Adam Schall hatte seinerzeit persönlich erlebt, wie gefährlich die „verrückte" (so Schall) Seeroute von Lissabon nach Macao war, die einen horrend hohen Zoll an Menschenleben forderte. Daher hatte er schon als Pfarrer in Xi`an Erkundigungen über die Möglichkeit einer Landroute eingezogen. Er gewann damals, anno 1628, einen auf der Seidenstraße erfahrenen Karawanenführer, den Muslim Mirjudin, zum Freund, den er in 20 oder mehr Interviews von A bis O ausfragte. Mirjudin war „Kerwan-Bashi" (Karawanenoberhaupt) der 240 Köpfe zählenden „Großen Gesandtschaft", einer Geschäftsreisegesellschaft, die alle 5 Jahre einen Warenaustausch mit China pflegen durfte — unter dem Vorwand, der Himmelsmajestät auf dem Drachenthron Tributzahlungen zu entrichten.

Mirjudin, der die Reise mit den Reittieren und Lastkamelen schon zum siebten Mal unternahm, weihte Schall in die Routen ein. So eine Karawanenreise vom Kaspischen Meer durch Zentralasien bis nach Jiuquan (einem Knotenpunkt des Handelsweges in Nordwestchina) dauerte nach dem Karawanenführer Mirjudin 4 Monate.

Mittler zwischen den Welten: Adam Schall

33 Jahre waren seither vergangen, als 1661 das heroische Wagnis, den Chinamissionaren einen Landweg zwischen Europa und dem Reich der Mitte zu bahnen, ins Werk gesetzt wurde.

Zum päpstlichen Kundschafter bestimmte Adam Schall einen seiner Mitarbeiter am Kaiserhof: den oberösterreichischen Jesuiten Johann Grueber (Bai Naixin), der als Astronom und Mathematiker zum Team der Kalenderberechnung gehörte, nebenbei aber dem Drachenthron noch als Hofmaler diente.

Der begabte Zeichner Grueber hatte übrigens 1659 oder 1660 im Auftrag des Ordens das einzige offizielle (farbige) Porträt Adam Schalls geschaffen, bei dem der Jesuitenmandarin selbst Modell saß. Das nach Macao gelieferte Original ist verloren gegangen. Es dürften sich aber Kopien oder Skizzen erhalten haben, die wohl als Vorlagen für die bekannten alten Kupferstiche dienten, die Adam Schall in Gesichtszügen, Gestalt und Kleidung ziemlich wirklichkeitstreu darzustellen scheinen.

Schall half Grueber die Weltreise organisieren und fand einen Weggenossen für ihn: den in einer entfernten chinesischen Provinz seelsorglich wirkenden belgischen Jesuiten Albert Dorville. Grueber und Dorville trafen in der alten Reichshauptstadt Sianfu (Xi`an) am Beginn der legendären Seidenstraße zusammen. Sianfu war Chinas Tor zum Westen.

Es war ein Aufbruch ins gänzlich Unbekannte, als die beiden waghalsigen „Pfadfinder des Papstes" noch im April 1661 Richtung Tibet marschierten, ausgerüstet immerhin mit einem Schutzbrief des Drachenkaisers, den ihnen Schall noch besorgt hatte.

Die Burg des Dalai-Lama in Lhasa. (P. Gruebers Skizze)

Urtümliche Landschaften zwischen Gluthitze und minus 40 Grad Celsius stellten sich ihnen in Zentralasien entgegen.

Wir können die beiden Jesuitenforscher natürlich nicht auf ihrer Odyssee durch Sand, Staub, Schnee und Sumpf begleiten, möchten aber doch knapp die Bilanz des gewagten Unternehmens ziehen.

Grueber und Dorville erreichten am 6. Oktober 1661 als erste westliche Menschen Lhasa und hielten sich einen Monat als Forscher in der tibetischen Hauptstadt auf. Gruebers Skizze von dem im Bau befindlichen Potala-Palast war die erste und 200 Jahre lang einzige bildliche Darstellung der Dalai-Lama-Burg, die der Westen zu Gesicht bekam.

Nachdem sie in Lhasa die tibetischen Bräuche studiert und astronomische sowie geografische Messungen durchgeführt hatten, zogen sie erkundungsfreudig in Richtung Indien weiter.

Sie überschritten den Himalaya, durchquerten Nepal, hielten sich in Katmandu auf und erreichten Ende März 1662 Agra, die Residenzstadt der indischen Mogul-Kaiser. Hier starb am 8. April Gruebers Reisebegleiter Dorville an Erschöpfung.

Grueber setzte die Reise fort, weitere 14 Monate, über Delhi, Lahore, Kabul, Persien und Kleinasien nach Rom, wo er am 20. Februar 1664 eintraf — nach einer permanent lebensgefährlichen Strapaze von nahezu drei Jahren.

Der maßgebende zeitgenössische Ostasien-Berichterstatter Athanasius Kircher erhob ihn zum „kühnsten Reisenden der Weltgeschichte". Der Linzer Jesuit Grueber verdient zu den Heroen des Entdeckerzeitalters gezählt zu werden.

Die Aufzeichnungen und Skizzen Gruebers waren die ersten brauchbaren Informationen über das Götterland Tibet und den Lamaismus. Das war freilich nicht die Hauptaufgabe seiner apostolischen Mission.

Zweck seines Einsatzes war die Öffnung eines Landweges nach Fernost. Das Fazit war ernüchternd: Grueber hatte zwar bewiesen, dass die Landreise von Peking nach Rom machbar war, aber zweckdienlich für Missionare war sie nicht.

Münze der Shunzhi-Ära

Ein Apostel des Aberglaubens?

Nach dem Tod des Kaisers Shunzhi vor 3 Jahren hatte der Senat für die Zeit der Unmündigkeit des neuen Herrschers Kangxi vier mandschurische Prinzen zu Regenten Chinas ernannt unter dem offiziellen Titel: „Die Regierung unterstützende Großwürdenträger". Deren erste Regierungshandlung war die Auflösung des kaiserlichen Harems und die Entfernung der Bonzen und Eunuchen von den Schalthebeln der Macht.

Das nächste Vorhaben der vier Regenten — erklärter Todfeinde des Christentums — war die Zerschlagung der Kirche.

Der Mittler zwischen den Welten, Adam Schall, wurde in jenen turbulenten Tagen gleich von zwei Seiten angegriffen.

Einerseits wuchs der Widerstand aus den eigenen Reihen. Schall hatte nicht nur Freunde in Kreisen der Mission und der Kirche. Um seine Eigenständigkeit als Widerspenstigkeit und seine Standfestigkeit als Sturheit und Starrheit auszulegen, bedurfte es nur fehlenden Wohlwollens. Und seine herausgehobene Position am Kaiserhof — noch nie in der Geschichte Chinas hatte ein Ausländer eine so dominierende Rolle gespielt — mochten den Neid und die Eifersucht einiger Mitbrüder wachgerufen haben. Dazu kam freilich die echte Sorge, dass sich die christlichen Glaubensboten zu sehr auf die chinesische Lebensweise, Weltanschauung und Gesellschaftsordnung einlassen.

P. Schall – in die Jahre gekommen

Der Vorwurf lautete daher: Schall & Co schieben die Verkündigung grundlegender Glaubenswahrheiten auf die lange Bank, wenn bestimmte Dogmen — wie z. B. die Lehre von dem Einen Gott in drei Personen (Dreieinigkeit) — die chinesische Gelehrtenwelt verstören.

Aus welchen Gründen immer — Schalls Widersacher schwärzten ihn in Rom an.

Vorwurf 1: Durch die Erstellung des Kalenders nährt Adam Schall den chinesischen Sternenglauben, dass sich günstige und ungünstige Tage für alle Lebenslagen vom Himmelszelt ablesen lassen. Er macht sich dadurch gleichsam zu einem Apostel der Wahrsagerei und des Aberglaubens.

Vorwurf 2: Adam Schall hat weltliche Ämter und Ehren angenommen, was den Regeln der Gesellschaft Jesu (wie sich die Jesuiten selber nennen) widerspricht und prinzipiell nicht zur religiösen Bestimmung des schlichten Ordenslebens passt.

Vorwurf 3: Die schon durch Matteo Ricci eingeführte Missionsmethode, indirekt über weltliche Wissenschaft und Kunst das Evangelium zu verbreiten, verwässert die christliche Lehre. Die Reinheit des Glaubens wird allein durch überweltliche Evangelisierung bewahrt.

Nachdem eine vierköpfige Theologenkommission in Rom die Argumente der Ankläger und der Verteidiger Adam Schalls geprüft und Pro und Kontra abgewogen hatte, entschied sie am 31. Januar 1664 den Prozess zugunsten des deutschen Jesuitenastronomen. Es gebe, wie es in der Urteilsbegründung hieß, keinen triftigen Grund, dass Adam Schall als Leiter der chinesischen Astronomie zurücktrete, denn weder Schall selber noch seine Mitarbeiter trügen durch ihre Kalenderberechnung zur Verbreitung des Aberglaubens — der Sterndeuterei — bei. Ihre Tätigkeit der Berechnung der Himmelsbewegungen sei rein wissenschaftlicher Natur. Die offizielle Publikation des Kalenders und die Einfügungen abergläubischer Angaben (z. B. glücklicher oder unglücklicher Tage, die für bestimmte Handlungen wie Reisen, Heiraten, Bauen usw. gewählt oder vermieden werden sollen) sind dem Amt für Riten vorbehalten, das unabhängig vom Amt für Astronomie schaltet und waltet. Kurzum: Schall ist *nicht* für das „abergläubisch anmutende Beiwerk" und die okkultistische Anwendung des Kalenders verantwortlich.

Zu bedenken ist, dass Astronomie und Astrologie zu jener Zeit keineswegs strikt getrennt waren. Selbst die Revolutionäre der modernen abendländischen Astronomie glaubten grundsätzlich an den Einfluss der Gestirne und kosmischen Kräfte auf das Irdische und die Lebensschicksale.

Der 1664 frisch gewählte General der Jesuiten, Giovanni Paolo Oliva, tat noch ein Übriges, um den leidigen kirchlichen Zank definitiv zu bereinigen. Er appellierte an das Kirchenoberhaupt. Papst Alexander VII. autorisierte die Jesuiten am 3. April 1664, Amt und Würde eines Mandarins und kaiserlichen Astronomen zu akzeptieren. Der Hl. Stuhl verstand Schalls „politische Karriere" als das, was sie war: als Dienst für die christliche Chinamission und keineswegs als persönliches Machtstreben eines eitlen Missionars.

Doch ein Angriff aus dem Lager der chinesischen Beamtenschaft drohte Adam Schall zu zermalmen.

In Ketten

Ein Greis namens Yang Guangxian, böswillig bis ins Mark, war von Beruf Verleumder. Das war ein sehr einträglicher Beruf, der ihn reich gemacht hatte. Die Begüterten gaben ihm Geld, um vor dem berüchtigten Denunzianten Ruhe zu haben. Man wusste, er hatte schon mehr als hundert Schuldlose in den Kotter gebracht.

Ab 1659 schoss sich Yang auf das Christentum ein, das er als konspirative Geheimgesellschaft in Schande brachte. Die Missionare bescheinigtem ihrem Todfeind hohe Intelligenz, Zähigkeit, Wagemut. Er war ein um den Konfuzianismus ängstlich besorgter Astronom, der das Christentum zur Hölle wünschte. Nebenbei begehrte er den astronomischen Posten Schalls. Der Rivale schwor wild gestikulierend, nicht eher zu ruhen, bis er das staatsgefährliche Christentum mit Stumpf und Stiel ausgerottet hätte. „Er kämpfte wild wie ein verängstigter Stier", urteilte ein unbeteiligter chinesischer Beobachter.

„Die Religion des Kreuzes ist eine giftige Schlange", kolportierte Yang, „ich werde ihr den Kopf zertreten. Der Kopf ist Tang Ruowang."

Der füchsische Scharlatan bombardierte den Hof mit Anklageschriften gegen Adam Schall. Jahrelang wurden sie still und leise ad acta gelegt.

Im Kampf gegen Schall fand Yang willfährige Bundesgenossen, zum Beispiel den seinerzeit im Zusammenhang mit dem Schwindel bei der Begräbnisstunde für das Söhnlein von Shunzhi und Xiaoxian abgesetzten Kultusminister Enggeder. Der Exminister drehte den Spieß um und beschuldigte seinen Fürbitter und Lebensretter Adam Schall, absichtlich einen ungünstigen Termin für die Beisetzung des Thronfolgers angeordnet zu haben und damit den frühen Tod nicht nur der Kaiserin Xiaoxian, sondern ebenso den des Kaisers Shunzhi provoziert zu haben. Das war eine unverschämte Irreführung, auf die aber der Regent Oboi hereinfiel. In der vierköpfigen Regentschaft, gebildet aus den Fürsten Oboi, Ebilun, Soni und Suksaha, die im Namen des minderjährigen Kaisers befehligten, gab Oboi den Ton an. Er war in seinem schamanistischen Glauben für die Einflüsterungen der Feinde Schalls empfänglich und machte den Jesuiten zum Sündenbock.

Inzwischen hatte der Tod bei Adam Schall angeklopft. Ein Gehirnschlag hatte den Jesuiten am 20. April 1664 halbseitig gelähmt. Er konnte nicht mehr gehen, nur mehr humpeln, nicht mehr sprechen, nur mehr lallen.

Nun, da Adam Schall seiner Sprache beraubt war und sich nicht mehr wehren konnte, holte Rivale Yang zum vernichtenden Schlag aus.

Er verfasste die Schmähschrift: „Ich kann nicht mehr schweigen" (Budeyi) und erstattete am 15. September 1664 in aller Form Anzeige gegen den Aufwiegler Adam Schall und seine Mitverschwörer Verbiest, Buglio und Magalhaes, ebenso gegen vier chinesische Christen. Die Missionare waren des Hochverrats und der Verbreitung falscher sittlicher Ideale sowie fehlerhafter astronomischer Berechnungen angeklagt.

„Ich kann nicht mehr schweigen!" Schall konnte auf die Anklage nur stumm antworten: „ich kann nicht mehr sprechen."

Der Regent Oboi erteilte am 12. November 1664 den Befehl, die vier in der Hauptstadt wirkenden Jesuiten zu verhaften. Wohl stand Schall im Mittelpunkt der Gerichtsverhandlungen, aber im Grunde machte der chinesische Staat dem Christentum den Prozess.

Der gelähmte Schall, den Rosenkranz am Gürtel, musste zum Verhör niederknien und wurde gestützt, sonst wäre er zusammengesackt.

„Du hast dich um die Leitung der astronomischen Behörde beworben, um unter dem Schutz der Amtsautorität unbehindert Kirchen bauen und die verkehrte Lehre der Kreuzesreligion ausbreiten zu können.“

Schall konnte nicht Rede und Antwort stehen. Deshalb wurde Pater Ferdinand Verbiest (1623-1688), sein Assistent, beauftragt, Schall zu verteidigen. Verbiest war es ein Leichtes, den Vorwurf zu entkräften: „In unserer Residenz bewahren wir eine Urkunde des Kaisers auf, in der es wortwörtlich heißt: ‚Tang Ruowang hat nur auf unseren Befehl die Leitung des astronomischen Amtes angenommen‘.“

P. Ferdinand Verbiest

Schall wurde als Mandarin des Kaisers nicht angekettet. Doch seine Mitbrüder Verbiest, Buglio und Magalhaes wurden mit je neun Ketten gefesselt. Jedem wurden drei Ketten um den Hals, drei um die Hände und drei um die Füße gebunden, die Hand- und Fußketten so fest, dass Arme und Beine anschwollen. An den Halsfesseln wurden sie an Holzpflöcke gekettet. Das Gewicht der Ketten war so drückend, dass die drei Jesuiten nicht sitzen und nicht stehen konnten, sie mussten tagaus, tagein auf dem Boden liegen. Jeder gefangene Jesuit wurde von fünf Soldaten bewacht, die nicht von ihrer Seite wichen.

Täglich knieten sie, das Gesicht dem Kaiserpalast zugewandt, in stundenlangem Kreuzverhör vor den Richtern. Für den halblahmen Schall war das eine grässliche Pein. In den Verhandlungspausen ritt der alte Yang wie ein Triumphator durch die Straßen der Hauptstadt und warf Flugblätter mit Schmähungen gegen die Missionare ins Volk. Es stand schlecht um die Sache des Christentums im Reich der Mitte.

→ Anklage eins: Schall wäre der Rädelsführer einer Verschwörerbande, die einen Staatsstreich im Dienste fremder Mächte plante. In Macao, behauptete Yang, warteten 30.000 portugiesische Soldaten auf ein Signal Adam Schalls zur Eroberung Chinas.

Die Furcht der Chinesen vor einer Invasion der „fremden Teufel" war nicht neu — und nicht unverständlich. In Südostasien rings um China setzten sich Portugiesen, Spanier, Holländer und Engländer fest, profitgierige Geschäftsgeier, Ausbeuter und Seeräuber und machtlüsterne Waffenmänner, „Kaufmannskrieger" — Händler „mit dem Gewehr im Anschlag".

Sie scheffelten Geld durch Waffenlieferungen (Kanonen, Musketen, Granaten und Pulversäcke), durch Frauenhandel mit „Trostmädchen", durch Opiumschmuggel und durch Geschäfte mit Perlen, Seide, Jade, Porzellan, Tee, Edelmetallen (Silber und Gold) und Gewürzen (wie Pfeffer, Gewürznelken und Muskatnuss). Die Eroberer waren dabei, in Asien ein Imperium aus Handel, Geld und Macht zu errichten — mit befestigten Stützpunkten z.B. in Goa, Ceylon, Java, Malakka und eben Macao.

Waren die spitznasigen Schurken aus Fernwest, unverschämte, wüste Kerle, nicht Landsleute der gesitteten Gelehrten, die China durch ihren Wissenschaftsgeist betörten?

Der Argwohn erlosch nie, dass die Jesuiten nach einem raffinierten Schachzug der Barbaren des fernen Westens als Spione in das Reich der Mitte eingeschleust wurden, damit sie als Vortrupp den Untergang Chinas vorbereiten.

Yang Guangxian, für den Adam Schall der Drahtzieher der Spitzel und Agenten war, schürte also aufs Neue die Angst: der Tag ist nahe, an dem die Barbaren wie Raubtiere über China herfallen.

Zwar konnten nach Macao entsandte chinesische Spione nichts von einmarschbereiten ausländischen Streitkräften gewahren, aber der stinkreiche Yang verteilte nach und nach 400.000 Tael an Bestechungsgeldern, sodass die Richter das Lügengewebe des Anklägers nicht zerstörten und die Patres des Hochverrats beschuldigten. Ihre Kirchen wären Verschwörungsnester. Ihre Verschwörerversammlungen hätten sie mit List und Tücke als Gottesdienste und die Aufnahme in den Verschwörerbund als Taufe getarnt.

→Anklage zwei: Schall und seine Genossen predigten eine schädliche und schändliche Religion, die die traditionellen Werte und Sitten Chinas aushöhlte. Dadurch, dass die Jesuiten ehelos lebten und ihre Heimat verlassen hatten, hätten sie aufs Gröbste gegen die ersten Pflichten gegenüber Familie und Vaterland gesündigt.

Als besonders schweres Delikt wurde Adam Schall angelastet, dass er dem Kaiser Bilder von der Passion — dem Leiden und Sterben — Jesu Christi gezeigt habe. Kläger Yang Guangxian empörte sich: Selbst Leute der unteren Volksschichten würden sich schämen, an eine Religion zu glauben, deren Stifter keine anständige Person war, sondern ein Unruhestifter und Aufwiegler: Jesus war ein Krimineller, der der Schuld der Revolte gegen den Staat überführt und rechtens hingerichtet worden war.

Zum Zeitpunkt der Inhaftierung der Jesuiten war am Himmel ein Komet erschienen, das war für die Chinesen ein Zeichen, dass der Prozess unter einem Unglücksstern stand. Ein Komet galt als Warnung. Ein verwüstender Sandsturm fegte über Peking hinweg. Selbst das Gericht war eingeschüchtert und wollte den Prozess möglichst rasch abschließen.

→Noch bevor der dritte Anklagepunkt — Verbreitung fehlerhafter astronomischer Berechnungen — untersucht werden konnte, fällten die bestochenen Richter das Urteil.

Adam Schall ist schuldig in folgenden Punkten: Er lehrt, dass ein zwischen zwei Räubern an das Kreuz genagelter Verbrecher, Christus genannt, der Herr des Himmels und der Erde wäre. Er hat jährlich an die dreihundert Chinesen getauft. Er behauptet, dass der Himmel nur der Sitz Gottes wäre und nicht Gott selbst. Er verbietet die alte Sitte, die Ahnen durch Verbrennen von Papier und durch Speiseopfer zu ehren.

Am 15. Januar 1665 wurden die Strafen verkündet: Schall wurde zum Tode durch den Strang verurteilt.

Das Todesurteil sollte aber erst nach nochmaliger Überprüfung seiner Schuld vollstreckt werden. Alle Würden und Titel wurden ihm aberkannt.

Zu seinem Nachfolger als Direktor des Astronomischen Amtes wurde sein Erzfeind Yang Guangxian, ein Stümper in Sachen Astronomie, berufen. Nachdem Schall degradiert war, wurde er ebenfalls mit sechs Ketten gefesselt. Bis zur Erdrosselung sollte der Gelähmte im Kerker schmachten.

Schalls Helfer, die Patres Verbiest, Buglio und Magalhaes und seine Helfershelfer, die drei chinesischen Christen Li, Dr. Xu und Pan, kamen mit der Prügelstrafe davon. Sie sollten je hundert Stockschläge erhalten und in die Verbannung gehen.

Um der katholischen Kirche den Garaus zu machen, verfügte das Gericht erstens die Demolierung aller christlichen Gotteshäuser im ganzen Reich mit Ausnahme der Kirche Schalls, die der verstorbene Kaiser Shunzhi durch eine Gedenksäule geehrt hatte, und zweitens die Gefangennahme aller in den Provinzen tätigen Missionare, die in Ketten nach Peking geschleppt werden müssten.

Der Regentschaftsrat, in dessen Händen die oberste Staatsführung lag, solange der Kaiser Kangxi minderjährig war, billigte nach langer Beratung die Urteile. Er schwächte sie nur in zwei Punkten ab: Die Kirchen sollten nicht sofort dem Erdboden gleichgemacht werden, sondern erst später, und die Missionare sollten nicht in Banden, sondern in ehrenvoller Weise nach Peking gebracht werden.

Der Schauprozess gegen Schall und Co. war nicht beendet, nur unterbrochen: noch stand die Verhandlung über den dritten Anklagepunkt — die Verbreitung fehlerhafter astronomischer Lehren — aus.

Dass Tang Ruowang die Kugelgestalt der Erde lehrte — nach traditioneller chinesischer Vorstellung war die Erde flach unter einem runden Himmelsgewölbe —, fand Ankläger Yang Guangxian besonders lächerlich: „Wenn die riesige Erde rund wie eine Kugel ist, dann würden die Menschen oben und die Menschen unten einander die Füße zukehren. Die Menschen unten würden leiden, wenn sie mit dem Kopf nach unten baumeln."

Solange der Prozess noch nicht abgeschlossen war, sollten die Jesuiten wie wilde Tiere angekettet bleiben und von ihren Wärtern nicht aus den Augen gelassen werden.

Die Aufseher erbarmten sich jedoch des gelähmten Schall, der zuweilen mit keuchenden Lungen gegen den Erstickungstod kämpfte und die Besinnung verlor. Nachts lösten sie heimlich seine Ketten von den Füßen und Händen und schützten seinen siechen Leib mit warmen Decken gegen die feuchte Winterkälte.

Unerwartet wurde Verbiest von den Ketten befreit und angewiesen, in seinem dumpfen Kellerloch den Zeitpunkt und das Ausmaß der nächsten Sonnenfinsternis am 16. Januar 1665 zu errechnen. Auf diese einfache und sichere Weise wollte das Richterkollegium die Jesuiten der Verbreitung falscher astronomischer Lehren überführen.

Ferdinand Verbiest — 1618 im flämischen Belgien geboren, 1637 in die Gesellschaft Jesu eingetreten, 1657 nach China gekommen — war ab 1660 der tüchtige astronomische Gehilfe Schalls auf der Sternwarte gewesen. Während der Haft war Verbiest rührend um den sechsundzwanzig Jahre älteren todkranken Schall besorgt. Im Prozess war er das Sprachrohr des seit dem Schlaganfall mit Stummheit geschlagenen Mitbruders. Der opfermütige Einsatz Verbiests für den hinfälligen Hauptangeklagten Schall nötigte sogar einem Prinzen des Kronrates Bewunderung ab. Auf Verbiest deutend, murmelte er ergriffen: „Wahrlich, ein vortrefflicher, wackerer Freund.“

Der sternkundige Verbiest erstellte also auf Geheiß des Gerichts hinter Schloss und Riegel eine Voraussage der zu erwartenden Sonnenfinsternis nach der Methode der europäischen Astronomie. Dabei wurde er beraten vom lallenden Schall. Die chinesische Schule und die muslimische Schule mussten ebenso die Berechnungen nach ihren Verfahren vorlegen.

Wann wird die Sonne durch den Mond verdeckt und verfinstert werden?

Die chinesischen Astronomen sagten vorher: um 2 Uhr 15.

Die muslimischen Astronomen: um 2 Uhr 30.

Die Jesuiten: um 3 Uhr.

Im Observatorium drängten sich erwartungsvoll die Minister, Senatoren, Geheimräte, Richter und ranghöchsten Mandarine, um sich Klarheit zu verschaffen, ob die europäische, die chinesische oder die muslimische Sternkunde fehlerhaft wäre. Für die jetzt unerwünschten Jesuiten war das eine Frage auf Leben und Tod.

Die Jesuiten durften im Kerker die Himmelsvorgänge beobachten. Ein Wärter nahm Verbiest die Hand- und die Fußketten ab und lockerte die Halsketten. Schall lag stoßweise atmend auf seinem Lager und fiel von einer Ohnmacht in die andere, sodass er nur nebelhaft den Lauf der Dinge wahrnahm.

Die Stunde der Wahrheit rückte näher. Bei den Jesuiten im Gefängnis fanden sich hohe Beamte ein, die für dramatische Spannung sorgten und die Zeit ausriefen.

Plötzlich alarmierte der Mandarin, der am Zeitmesser stand, die Umstehenden: „Jetzt ist die Zeit der Chinesen!"

2 Uhr 15: Nichts geschah, die Minuten verrannen, eine, zwei, drei … fünfzehn! Die chinesischen Astronomen waren aus dem Rennen geworfen.

„Jetzt ist die Zeit der Moslems!"

2 Uhr 30: Kein Schatten traf die leuchtende Sonne, vergeblich warteten die Beobachter fünf, zehn, fünfzehn, zwanzig, fünfundzwanzig, dreißig Minuten. Die Moslems waren geschlagen.

3 Uhr: „Das ist deine Stunde, Tang Ruowang!" rief der Mandarin, einen Blick auf Schall werfend, der jetzt bei Bewusstsein war.

Punkt drei Uhr fiel der erste Schatten auf die Sonne. Das war der erste Triumph der Jesuiten. Der Schatten wuchs und bedeckte allmählich die ganze Sonne. Das war der zweite Triumph. Denn nur die Jesuiten hatten eine vollständige Sonnenfinsternis vorhergesagt, die anderen Schulen nur eine teilweise. Die Staatszeitung machte im ganzen Reich den Sieg der Jesuiten publik. Die chinesischen und muslimischen Astronomen mussten ihr Versagen schriftlich bekennen.

Der Himmel selbst hatte also das Urteil gefällt. Er hatte die Ankläger Lügen gestraft. Nicht die Astronomie der Jesuiten, sondern die der anderen Schulen erwies sich als minderwertig, aber was kümmerte das die Feinde Schalls, die sich in den Kopf gesetzt hatten, die Jesuiten zur Strecke zu bringen.

Die Richter taten, als ob nichts geschehen wäre. Die Regenten beriefen den großen Kronrat ein, um über die Richtigkeit oder Unrichtigkeit der europäischen Astronomie abstimmen zu lassen. Es war eine Tragikomödie, die im Thronsaal der Kaiserburg in Szene ging. Die Auslese des mandschurischen und des chinesischen Volkes, die Notabilitäten der Staatsführung, zwanzig Prinzen, die vierzehn Staatsräte, die zwölf Reichsminister, die acht höchsten Generalstabsoffiziere und zweiundsiebzig Spitzenmandarine nahmen auf nach Rängen gestuften und mit samtweichen Teppichen belegten Sitzen Platz. Sie, die allesamt keinen Schimmer von westlicher Astronomie und Mathematik hatten, maßten sich an, über die europäische Naturwissenschaft ein Urteil zu fällen.

Sie wurde als „minderwertig" verworfen.

Verbiest bot ihnen im Namen Schalls an, zur frühjährlichen Tag- und Nachtgleiche experimentell die Überlegenheit der europäischen Astronomie zu belegen. Doch die gebrannten Kinder lehnten die „Feuerprobe" ab.

Die Richter mussten in höherem Auftrag den Stab über Schall und seine Wissenschaft brechen.

Der Justizminister verkündete in der Karwoche, am 15. April 1665, den Spruch des Kronrates, das endgültige Urteil. Die Todesstrafe für Adam Schall blieb aufrecht, wurde aber von Erdrosselung in Enthauptung umgewandelt. Seine Leidensgenossen Verbiest, Buglio und Magalhaes wurden, wie gehabt, zu hundert Stockschlägen und Landesverweisung verdonnert.

Eine simple Enthauptung Schalls stillte nicht den Hass des Regenten Oboi. Er hatte das Bedürfnis, ihn auf die qualhafteste Weise sterben zu sehen. Er verschärfte also die Todesstrafe und diktierte ihm >Lingchi<, die martervollste Hinrichtung, die das chinesische Strafrecht aufweist: Zerstückelung bei lebendigem Leib. Schall sollte also Glied um Glied zerhackt werden, und um seine Marter möglichst lange auszudehnen, würde der Blutfluss durch glühendes Eisen und siedendes Fett laufend gestoppt werden.

In dem Augenblick, als dem elfjährigen Kaiser Kangxi das Todesurteil Schalls vorgelegt wurde — es war 11 Uhr Vormittag — griffen Himmel und Erde ein. Der Himmel drohte durch einen Schweifstern und die Erde erschütterte durch unterirdische Beben die Hauptstadt und die Kaiserburg, drei Tage lang. Peking schwankte wie ein sturmgepeitschtes Schiff. Die Gefängnismauern barsten, die Wachsoldaten türmten zähneklappernd. Auf dem wankenden Boden stürzten Gebäude der Reihe nach wie Kartenhäuser ein, die ins Freie stürzenden Menschen schusselten ohne Ziel wimmernd und wehklagend durch die trümmerbedeckten Straßen. In der Erde taten sich Risse auf wie klaffende Wunden. Die Stadtmauer sank an hundert Stellen zusammen. Brände loderten auf. Dabei raste ein schauderhafter Sturm über Peking hinweg, dessen düstere Sandwolken die Sonne auslöschten.

Im Kaiserpalast regierte die Kopflosigkeit. Die Größen des Reiches, die Hofschranzen und Palastdamen schwitzten Blut in ihrer Todesfurcht. Die Großmutter des Kaisers konnte sich mit dem kleinen Kangxi ins Freie retten, die beiden wohnten zwischen rauchenden Ruinen in Zelten. „Das ist die Strafe des Himmels", schluchzte die alte Kaiserin.

In jenen Unheilstagen gab es kaum einen Feind oder Freund Adam Schalls, der die Naturkatastrophe nicht als grollendes Zeichen himmlischen Tadels gedeutet hätte. Auch Adam Schall selber erblickte in den Ereignissen den eingreifenden Arm Gottes.

Unter dem niederschmetternden Eindruck eines Strafgerichtes des Himmels wichen die Regenten zurück, aber nur einen Schritt. Sie milderten die Hinrichtungsart, durch die Schall sterben sollte. Die mitangeklagten Jesuiten begnadigten sie indessen. Der nach wie vor zum Tode verdammte Schall sah gefasst dem nahen Heimgang entgegen.

Die öffentliche Meinung hatte sich mehr und mehr auf die Seite des verdienten, sympathischen und heldenmütigen Adam Schall geschlagen. Die Leute waren überzeugt, dass die über ihn verhängte Todesstrafe ungerecht war und die Weltordnung störte. Sie wunderten sich daher keineswegs, als der Himmel noch einmal nachhalf, um die unbelehrbaren Machthaber in die Knie zu zwingen. Ein neues Erdbeben mit Feuersbrünsten verwandelte die vierzig übriggebliebenen Gemächer, in die der Kaiser und seine Großmutter nach dem scheinbar beendeten Erzittern des Bodens eingezogen waren, in Schutt und Asche.

Eilends wurde Adam Schall freigesprochen und aus dem Gefängnis entlassen. Man schrieb den 18. Mai 1665. In der Kirche Schalls erklang aus den Kehlen der dankbaren Christen so inbrünstig wie noch nie das Tedeum.

Ich bekenne

Schalls Charakter wurzelte in Charme (seinen kölnischen Humor hatte der Sohn des Rheinlandes in China keineswegs eingebüßt), Unternehmungslust, Tatkraft, Durchhaltevermögen, Willensstärke und Selbstvertrauen. Wagemut und Kühnheit waren ihm eigen, Grübeleien fremd.

Doch ein von Erdenstaub freier Engel war Schall nicht.

Wenn sein cholerisches Temperament mit ihm durchging, konnte der robuste Haudegen mit grimmigem Blick aufbrausend, schroff, mürrisch, ja bissig sein. Seine feine Ironie artete gelegentlich in Sarkasmus aus. Er hatte nichts von einem Diplomaten mit polierter Oberfläche. Ob er seinen Ordensoberen immer und überall den angemessenen Respekt zollte, sei dahingestellt. Benahm er sich mitunter selbstherrlich? Und dass er bei aller persönlichen Genügsamkeit als hoher chinesischer kaiserlicher Würdenträger nicht arm und einfach wie ein Wüsteneremit oder Bettelmönch leben konnte — daran nahm mancher kompromisslose Kritiker Anstoß. Andere sagten ihm Launenhaftigkeit nach. Sein Ordensleben war jedenfalls ein spiritueller Balanceakt. Adam Schall taugt nicht als blutleere Figur für eine erbauliche Heiligenlegende.

Unter der ruppigen und rauen Schale steckte aber ein weiches Herz. Schall besaß ein tiefes Gemüt. Die Tränen saßen ihm locker. Bei den Karfreitagszeremonien weinte er stets. Schall war offen, grundehrlich, freimütig und unverblümt direkt. Zur Heuchelei war er nicht fähig.

Er war geprägt von tiefer Frömmigkeit und grenzenlosem Gottvertrauen, ebenso von steter Hilfsbereitschaft und verschwenderischer Nächstenliebe.

Als Seelsorger bewies er unermüdlichen Eifer und bewundernswerte Geduld. Sein Mitarbeiter P. Verbiest berichtet ergriffen, dass Schall, selbst wenn ihn andere eilige Aufgaben seines Hofamtes zu erdrücken schienen, Zeit und Ruhe aufbrachte, sobald sich Christen — ob angekündigt oder unerwartet — mit einem Anliegen an ihn wandten. Vor allen Dingen sorgte er sich um die Betreuung der Ärmsten und Niedrigsten.

Im Leid offenbarte sich der Adel seiner Seele, der auf dem Höhepunkt des Ruhmes ab und zu durch Mängel und Schwächen seines Charakters verdeckt gewesen sein mochte. Seine Lähmung und seine Kerkerhaft ertrug er mit heiligmäßigem Gleichmut. In seinen Banden pries er Gott.

Bevor er vor den ewigen Richter trat, rief er P. Verbiest ans Krankenbett und diktierte ihm mit kraftloser Zunge in ungekünstelter Demut und Reue sein öffentliches Schuldbekenntnis, das Dokument einer großen Seele. Mit lahmer Hand pinselte er in fast unleserlichem Gekritzel seine Unterschrift unter seine Beichte. Das geschah am 21. Juli 1665.

Verbiest las auf Geheiß Schalls den um das Lager des Gelähmten versammelten Jesuiten das Bekenntnis vor:

„Hochwürdige Patres in Christo! Könnte ich doch heute vor euch hintreten, wie ich vor wenigen Monaten freudig um des katholischen Glaubens willen vor die heidnischen Richter trat, mit Ketten um den Hals, das Haupt zur Erde gebeugt und wie ein Schuldiger gefesselt, um demütig bittend die Hände zu erheben und euch auf diese Weise die Reue und Zerknirschung meines Herzens kundzutun.

Ich kann mich aber von meinem Bett nicht mehr erheben. So möchte ich, so wie ich kann, mich durch euch an die ganze Gesellschaft Jesu wenden, nicht um mich zu verteidigen, wie ich es vor Monaten vor dem Gerichtshof getan, sondern um mit bußfertigem Herzen gegen mich wahrhaftes Zeugnis abzulegen.

Euch allen bekenne ich, dass ich in den vergangenen Jahren in vielem ein schlechtes Beispiel und Ärgernis gegeben habe, besonders meinen Oberen, deren Rat und Mahnung ich nicht immer befolgte. Ich klage mich vor allem an wegen allzu großer Nachsicht gegen meinen Diener, der fast allen, besonders aber den Mitbrüdern im gleichen Hause und in der gleichen Stadt, zum Stein des Anstoßes wurde und für dessen unverschämte Frechheit ich zum großen Teil die Verantwortung trage.

Ich bin mir bewusst, dass ich entgegen dem Armutsgelübde viele Güter unnötig verbraucht, durch die Adoption des Sohnes meines Dieners zu meinem Enkel einer Unklugheit und eines Ärgernisses mich schuldig gemacht und die brüderliche Liebe namentlich gegen meine Mitbrüder in der Stadt verletzt habe.

Einsichtig schlage ich an meine Brust, streue Asche auf mein weißes Haupt und neige es bis zur Erde. Ich wiederhole immer und immer wieder, so gut ich sprechen kann: durch meine Schuld, durch meine Schuld, durch meine große Schuld.

Ich bitte euch, hochwürdige Patres, die ihr mich heute, von schwerer Krankheit geschlagen, an Händen und Füßen gelähmt und ans Bett gefesselt seht, überzeugt zu sein, dass ich, wie neulich vor dem Gericht, an Händen und Füßen gefesselt, in heiligem Gehorsam niederfalle, um als Schuldiger mit zerknirschtem Herzen den Urteilsspruch des Richters anzunehmen.

Schließlich bitte ich euch, weist mein Schuldbekenntnis nicht zurück als zu spät oder durch Unglück erpresst.

Jetzt und hier hat die Hand Gottes nicht nur meinen Körper geschlagen, sondern auch meine Seele berührt, die väterliche Hand, die Hand der Liebe, die Hand der Barmherzigkeit. Wie die Barmherzigkeit Gottes mich bis zum heutigen Tag in der Gesellschaft seines Sohnes langmütig ertragen hat, so vertraue ich, dass sie im Hinblick auf eure Gebete und Verdienste mich auch bis zum Ende ausharren lässt und gnädig bewahren wird. Amen!
Peking, den 21. Juli 1665
Johann Adam Schall"[*]

Nie war Schall größer als in seiner Kleinheit, nie stärker als in seiner Schwachheit.
Wahrlich, dieser hilflose, seiner Würde beraubte Greis auf dem Sterbebett hat Geschichte gemacht.

Auf dem Höhepunkt seines Lebens hatten seine Ordensmitbrüder geurteilt:
Der Astronom und Ingenieur P. Ferdinand Verbiest (1623-1688), Belgier: „Schall hat mehr Einfluss auf den Kaiser als alle Vizekönige oder der angesehenste Fürst, und der Name Pater Adams ist in China

---

[*] Zitiert nach Väth

bekannter als der Name jedes berühmten Mannes in Europa."

P. Francois de Rougemont (1624-1676), Belgier: „Ich glaube nicht, dass seit der Gründung des chinesischen Reiches irgendein Ausländer so viele Zeichen der Ehre und königlicher Gunst erhalten hat."

P. Francesco Brancato (1607-1671), Italiener aus Sizilien: „Wir alle, die wir in dieser Mission sind, sonnen uns durch göttliche Gunst in der Aura Pater Adams."

P. Manuel Dias der Jüngere (1574-1659), Portugiese: „Ich wünschte, wir hätten hundert Männer wie Adam; wenn wir uns nur als seine Gefährten und Brüder zu erkennen geben, wagt es niemand, ein Wort gegen uns laut werden zu lassen."

P. Francisco Furtado (1587-1653), Portugiese: „Wir alle ruhen sicher in Pater Adams Schatten."

P. Giandomenico Gabiani (1623-1694), Italiener: „Jeder Missionar der Gesellschaft Jesu oder der anderen Orden brauchte sich nur Gefährte Schalls nennen, um freien Zutritt ins Land, Ehre bei den Magnaten, Beamten und dem Volk zu haben und die Erlaubnis freier Predigt als sein Recht zu fordern."

Der Mathematiker, Astronom und Jurist P. Jan Mikolaj Smogulecki (1610-1656), Pole: „Schall hält die Gunsterweise des Kaisers in der Hand. Wir alle predigen das Evangelium unter dem Schirm seines Namens."

Der Indologe und Sanskritforscher P. Heinrich Roth (1620-1668), Deutscher aus Augsburg: „Schall ist nächst Gott die Grundfeste und Zuflucht aller Christgläubigen."

Doch von den Höhen des Ruhms in die Tiefen der Schmach gesunken, erreichte Adam Schall den Gipfel seiner Größe.

Du hinterlässt uns unsterblichen Ruhm

Der Todfeind Schalls, der Intrigant Yang Guangxian, der den Sturz Schalls auf dem Gewissen hatte, war bekanntermaßen als Nachfolger der Jesuiten zum Direktor des Astronomischen Amtes bestellt worden. Er beanspruchte das Haus seines Vorgängers, die Jesuitenresidenz also mitsamt der Bücher und Instrumente, als Amtswohnung, und erzwang die Ausquartierung des todkranken Schall, der am 11. November 1665 im Tragstuhl die Westresidenz verlassen und unter unsäglichen Qualen in die Ostresidenz umziehen musste.

Yang — P. Verbiest scheute sich nicht, ihn einen „Teufel" zu nennen — beschlagnahmte sogar das Gotteshaus. Er machte es zu einem Ehrentempel für sich und ließ auf dem Hochaltar sein eigenes Bild verehren.

Schall wurde von heftigen Erstickungsanfällen gewürgt, in seiner Beklemmung zuckten krampfartig Arme und Beine.

Er starb am 15. August 1666, dem Fest der Himmelfahrt Mariens, um 16 Uhr „nach einer unausgesetzten Missionstätigkeit von 44 Jahren, einer der größten Missionare aller Zeiten und bei weitem der hervorragendste, den Deutschland der Kirche geschenkt hat", wie ein Historiker urteilt.

Kaiser Kangxi : Freiheit für das Christentum

Zwischen 1651 und 1664, in den Glanzjahren Schalls also, hatten, wie die Chronik berichtet, im ganzen Reich wenigstens 105.000 erwachsene Chinesen den katholischen Glauben angenommen, in Peking allein 13.000.

Im Alter von fünfzehn Jahren entmachtete Kaiser Kangxi die Regenten und übernahm persönlich die Regierung. Den Exregenten Oboi ließ er wegen Tyrannei und Verrat in den Kerker werfen. Den böswilligen Hasser Yang, der während der Regentschaft Schall vom Posten des Direktors des Astronomischen Amtes verdrängt und sich in den vier Jahren seines Dienstes ein Armutszeugnis der Unfähigkeit ausgestellt hatte, entließ und verbannte er. Er ersetzte ihn am 17. April 1669 durch den früheren Assistenten P. Schalls, den Jesuiten P. Ferdinand Verbiest.

Der junge Kaiser rettete die Ehre Schalls, sprach ihn von jeglicher Schuld des Hochverrats, der Predigt einer verwerflichen Religion und der Verbreitung falscher astronomischer Lehren frei und erstattete ihm alle Würden und Titel zurück. Er ehrte den Leichnam Schalls durch ein nachträgliches Staatsbegräbnis, verfasste persönlich eine Epistel des Lobes und Dankes für den großen Jesuiten und Mandarin, die am Grab verlesen und auf ein dem Toten gewidmetes Denkmal gemeißelt wurde.

Die Kundgebung der allerhöchsten Wertschätzung lautete: „Der Kaiser, der der frommen Seele Tang Ruowangs, seines ehemaligen Beamten erster Klasse, des Direktors des Astronomischen Amtes, die letzte Ehre erweisen will, spricht also: Es ist der Ruhm dieses meines Mandarins, mit höchster Ehrfurcht alle Kräfte des Geistes und des Körpers dem Dienst des Fürsten und dem öffentlichen Wohl geweiht zu haben. Nun ist es meine vorzügliche kaiserliche Pflicht und mein Vorrecht, den Toten für seine Dienste zu belohnen. O Johann Adam, du kamst hierher von den Grenzen des Westens. Dir, der du in der Astronomie erfahren und geübt warst, wurde die Verwaltung der astronomischen Angelegenheiten des Reiches anvertraut. Du wurdest geehrt durch den Titel >Meister himmlischer Geheimnisse<. Plötzlich hast du den langen Weg in die Ferne angetreten. Dein Tod geht uns sehr zu Herzen. Du hinterlässt uns unsterblichen Ruhm und die Ehre deines Namens. Nimm doch hin meine kleine Belohnung für die immerwährende Treue, womit du deiner vergessend dich ganz dem öffentlichen Wohl geweiht hast, und wenn du nach deinem Tod noch meiner Gefühle gewahr wirst, so komm und nimm an, was wir überbringen.“

Im Angedenken an Tang Ruowang, den Freund seines Vaters, löschte Kangxi in seinem Reich die Flammen der Christenverfolgung. Die deportierten Missionare kehrten aus den Gefängnissen in ihre Kirchen zurück.

Der Kaiser krönte schließlich das Werk Adam Schalls im Jahre 1692 durch die Unterzeichnung des berühmten Freiheitsediktes, das — zum ersten Mal in der Geschichte Chinas — offiziell die Verkündigung des Evangeliums im Reich der Mitte unbeschränkt freigab.

DOKUMENTATION

Sternstunden für China und Europa

Hintergründe und Zusammenhänge einer beispiellosen Begegnung einander fremder Kulturen

D as Lebenswerk des Kölner Paters Adam Schall alias *Tang Ruowang* ist keine verloschene Episode in der Geschichte Chinas. Es lebt fort bis in die Gegenwart. Noch im heutigen Peking kann man die Spuren Schalls und seiner Ordensmitbrüder, darunter mehrerer Geistesgrößen aus Deutschland, verfolgen.

Bewundert, geraubt, verschleppt

Die Kaiserliche Sternwarte der Jesuitengelehrten — *Gu Guanxiang Tai* heißt sie auf Chinesisch — ist noch erhalten und kann als 1a-Sehenswürdigkeit und als historische Kulturbrücke zwischen Ost und West besichtigt werden (U-Bahn 1 und 2: Jiangguomen).

Im modernen Weltstadt-Peking des 21. Jahrhunderts duckt sich das an der Stadtautobahn-Kreuzung Jiangguomen vom Verkehr umtoste Alte Observatorium — eines der ältesten und berühmtesten der Welt — inmitten gigantischer Hochhäuser. Heute steht das 1442 gegründete festungsartige Bauwerk mit seinen Zinnen und archaischen Gerätschaften, die ihre Silhouetten in den Himmel zeichnen, wie ein anachronistischer Fremdling mitten in der modernen Mega-City zwischen chaotischer Betriebsamkeit.

Doch damals, im 17. Jahrhundert, als die Gelehrten aus Fernwest die Sternwarte leiteten, war der 14 Meter empor ragende Beobachtungsturm der Himmelsforscher noch ein markanter Teil der monumentalen Stadtmauer im Südosten der chinesischen Hauptstadt.

In der Gegenwart stellt die Plattform der musealen Sternwarte die historischen Geräte für die Messung der Himmelskörper und die Berechnung von Naturereignissen zur Schau, die unter Adam Schalls Schirmherrschaft von den Jesuitenastronomen aus „Germanien" und Fernwest konstruiert worden waren. Die astronomischen Geräte sind nicht nur wissenschaftliche Instrumente, sondern mit chinesischen Drachenmotiven geschmückte bronzene Kunstwerke.

Paul Xu Guangqi, der Förderer der Jesuitenastronomie
(Büste im Museum der Sternwarte)

Sextant

Auf der Dachterrasse, im Innenhof und in der Purpurhalle — dem Museum des Alten Observatoriums — lebt also die Glanzzeit der chinesischen Astronomie noch oder wieder.

„Wieder" deshalb, weil die Instrumente der Sternwarte im Jahre 1900 geraubt und verschleppt wurden.

Als der sogenannte Boxeraufstand gegen die acht alliierten Staaten Deutsches Reich, Österreich-Ungarn, Frankreich, Großbritannien, Italien, Russland, Japan und USA niedergeschlagen wurde, beschlagnahmten französische und deutsche Truppen die Instrumente.

Azimut Theodolit

Sie hatten als Kunstwerke nicht nur das Interesse des Oberbefehlshabers des multinationalen Ostasienkorps — des preußischen Generalfeldmarschalls

Graf Alfred von Waldersee — geweckt. Der deutsche Generalfeldmarschall musste sich mit den Franzosen einigen, die gleichfalls ein Auge auf die formvollendeten astronomischen Gerätschaften warfen.

Die von den Franzosen entführte Beutekunst wurde auf Grund internationaler Proteste bald zurückerstattet, die nach Deutschland verschleppten Instrumente aber wurden auf der Terrasse der Orangerie im Potsdamer Palast Kaiser Wilhelms II. ausgestellt und erst nach dem 1. Weltkrieg 1921 gemäß Artikel 131 des Versailler Vertrages nach China zurücktransportiert.

1982 wurde das über ein halbes Jahrtausend alte kaiserliche Observatorium von den Erben Maos zum Nationalen Denkmal und Kulturgut unter staatlichem Schutz erklärt.

Unbeeindruckt von allen historischen Wirren der Kaiserstadt und dem geschäftigen Treiben der modernen Metropole stehen die von den Chinesen wie Schätze gehüteten bronzenen Geräte auf der Sternwarte Pekings in beeindruckend gutem Zustand da: ein Himmelsglobus (Sternatlas), ein Quadrant, ein Sextant, verschiedene Armillarsphären (Ringkugeln): spektakuläre Sehenswürdigkeiten und Zeugen der Sternstunden im epochalen Wissensaustausch zwischen dem „Reich der Mitte" und dem Abendland mit der Schlüsselfigur Adam Schall.

„Kopernikus" der Verbotenen Stadt

Vorbereitet und eingeleitet wurde die von Adam Schall realisierte chinesische Kalenderreform schon von *Johannes Schreck* (1576-1630) — latinisiert *Terrenz* — einem in Bingen bei Sigmaringen geborenen deutschen Universalgelehrten, der sich als Arzt, Pharmazeut, Botaniker, Chemiker, Mathematiker, Astronom, Geograph, Techniker und Philologe einen Namen gemacht hat. Er war — nach einem zeitgenössischen Fachurteil — „ein Schmuckstück der Gelehrsamkeit auf allen Gebieten". Neben seiner Muttersprache beherrschte er noch Italienisch, Portugiesisch, Französisch, Englisch, Latein, Griechisch, Hebräisch und Aramäisch. Und schließlich lernte er noch Chinesisch.

Denn zur Enttäuschung seines Lehrers und Freundes Galileo Galilei entschloss sich der international hochgeschätzte und von durchlauchtigsten europäischen Fürstenhöfen umworbene Arzt und Naturwissenschaftler Schreck, als Jesuitenmissionar nach China zu gehen. Sein Eintritt in die Gesellschaft Jesu — die Jesuiten hatten damals das Image eines Wissenschaftsordens — war laut Galilei ein schmerzhafter Verlust für die Wissenschaft und besonders für die römische Elite-„Akademie der Scharfsichtigen" (dei Lincei), der Johannes Schreck angehörte. Die Akademie der Scharfsichtigen war eine internationale Anstalt der hellsten Köpfe, die sich durch selbständiges Denken und intellektuelle Brillanz auszeichneten und eine Keimzelle der modernen Naturwissenschaft bildeten.

Mit einem kostbaren galileischen Fernrohr ausgerüstet, machte sich Galileis Meisterschüler Johannes Schreck alias Terrenz 1618 auf den Seeweg in das Kaiserreich des Drachenthrons. Nach einer beschwerlichen, von Seeräuberüberfällen und Seuchen begleiteten Reise erreichte er nach 1 Jahr und 3 Monaten die Südküste Chinas, zusammen mit seinem um 16 Jahre jüngeren Ordensmitbruder Adam Schall. Nur 8 der 22 in Lissabon an Bord gegangenen für China bestimmten Missionare kamen ans Ziel!

In Peking traf Johannes Schreck nach einer Zwischenstation in Hangzhou erst Ende 1623 ein.

Er — von den Chinesen *Meister Deng* (Deng Yuhan Hanpo oder Deng Zhen Lohan) genannt — verfasste chinesische Lehrbücher über Astronomie, Mathematik, Maschinenbau — und natürlich Medizin, und er begann die grundlegende Reform des veralteten chinesischen Kalenders, der auf fehlerhaften Vorausberechnungen der stellaren Ereignisse beruhte.

Johannes Kepler, Entdecker der Gesetze der Planetenbewegung, schickte dem „Kopernikus der Verbotenen Stadt" (wie Terrenz genannt wurde) sein neuestes 1627 veröffentlichtes Werk „Rudolfinische Tafeln" nach China, das aber erst 16 (!) Jahre nach dem Tod des schwäbischen Jesuitenastronomen die Küste Chinas erreichte.

Zu spät sind die von Kepler berechneten Tafeln des Laufes der Himmelskörper dennoch nicht gekommen: denn Schrecks Nachfolger — die Mitbrüder Schall und Verbiest — konnten sich ihrer bei der chinesischen Kalenderreform und den Vorausberechnungen von Sonnen- und Mondfinsternissen bedienen.

War Johannes Schreck der Vorgänger Schalls als Astronom in der Verbotenen Stadt, so war Ferdinand Verbiest Schalls Nachfolger.

Erfinder und Konstrukteur

Ferdinand Verbiest (1623-1688), Belgier/Flame, seit 1660 in Peking, hatte wohl nicht das Charisma eines Adam Schall, dessen rechte Hand er zunächst war. Doch Verbiest war ein genialer Erfinder und schöpferischer Konstrukteur, der 1669 als Nachfolger Schalls zum Chefastronomen und –mathematiker des Kaiserreiches China berufen wurde und bis zu seinem Tode 1688 Präsident des Mathematisch-Astronomischen-Amtes blieb.

Verbiest war Berater und Lehrer des ihm freundschaftlich verbundenen Kaisers Kangxi (reg. 1662-1722) und Mandarin 2. Klasse.

Ferdinand Verbiest (belgische Briefmarke)

Genau genommen gebührte dem „Ingenieur" P. Ferdinand Verbiest, in China *Nan Huairen Duanbei* genannt, der Ruhm, das Automobil erfunden zu haben — gut 200 Jahre vor Carl Friedrich Benz und Gottlieb Wilhelm Daimler, die als Schöpfer des modernen Automobils gelten.

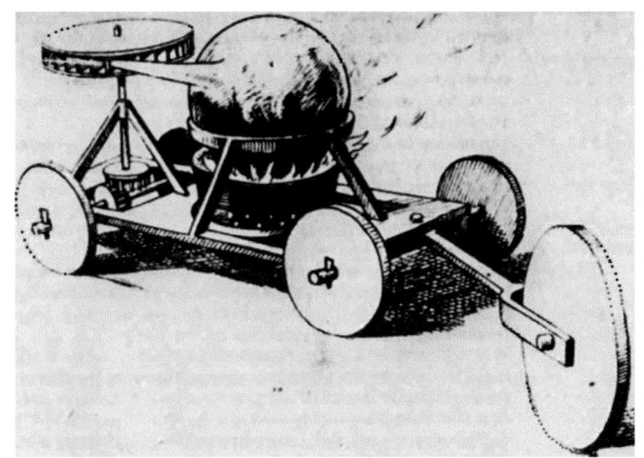

Selbstfahrender Wagen: Spielzeug für den Kaiser

Verbiest hat nämlich 1672 das erste dampfgetriebene, also aus eigener Kraft selbstfahrende Wagenmodell der Welt gebaut — als Spielzeug für den Kaiser von China! Verbiests Vorläufer des Automobils „konnte eine Stunde und länger in nicht gerade langsamer Bewegung bleiben" (Zitat Verbiest).

Die Mechanik: Der Motor des Wagens war eine mit Wasser gefüllte Metallkugel, eine Art Boiler, durch brennende Kohle erhitzt. Der Strahl des dadurch erzeugten Dampfes schoss durch eine oben angebrachte Düse und setzte ein Turbinenrad in Bewegung, das die Hinterräder antrieb.

Bleiben wir aber bei der Astronomie: Als Direktor der Kaiserlichen Sternwarte, die er 1673 renovierte, entwarf er 1674 neue moderne astronomische Instrumente zur Ermittlung der Positionen, Höhen, Winkel, Bewegungen sowie Auf- und Untergangszeiten der Gestirne.

Der Belgier Ferdinand Verbiest

Sechs der kunstvollen Geräte, die auf der Plattform des Alten Observatoriums zu bestaunen sind,
stammen von Verbiest.

Ferdinand Verbiest alias Nan Huairen ist aber
nicht nach China gegangen, nur um sein technisches
Talent zu entfalten. Er hat als Seelsorger in Peking
die sogenannte Ostkirche (Dongtang) gegründet. Seit
1677 war er Superior der Chinamission. Er war ein
Pionier des einheimischen Klerus und wurde nicht

müde in dem Bemühen, Rom von der Notwendigkeit und Dringlichkeit der Ausbildung und Weihe chinesischer Priester zu überzeugen. Als er starb, gab es in China bereits 800.000 Katholiken in 1200 Gemeinden. Chinesische Priester gab es Ende des 17. Jahrhunderts 50.

Wie für sein Vorbild Adam Schall war für Ferdinand Verbiest die Astronomie nicht Selbstzweck, sondern Mittel zum Zweck. Seinen Nachfolgern riet er, „es sich nicht verdrießen zu lassen, mathematische Disziplinen theoretisch wie praktisch weiterzupflegen; denn wie einst der Stern von Bethlehem die königlichen Magier zur Anbetung des wahren Gottes hinzog, so kann auch das Sternenwissen diese Herrscher des äußersten Ostens allmählich dazu bringen, den Herrn der Sterne zu erkennen und anzubeten.“

Würzburger Linsen

Die Riege der deutschen Astronomen riss nach dem Belgier Verbiest keineswegs ab. *Kilian Stumpf* (1655-1720) — in Würzburg geboren, Studium in Mainz, seit 1695 in China — war ab 1711 neun Jahre Direktor des kaiserlichen Astronomischen Amtes in Peking.

Sein chinesischer Name: *Ji Lian*. Er konstruierte 1715 für die Kaiserliche Sternwarte ein neues Altazimut zur Bestimmung des Höhenwinkels und des Horizontalwinkels eines Himmelskörpers (der Name Altazimut setzt sich zusammen aus „Alt“ für Altitude = Höhenwinkel und „Azimut“ = Horizontalwinkel).

Schon 1696 hatte der Jesuitenpater aus Franken die erste „Glashütte" (Atelier zur Glasherstellung) in China gegründet — ein Meilenstein in der Modernisierung der chinesischen Astronomie. Das als Geheimnis gehütete Knowhow der Glasmacherkunst dürfte er im kurfürstlichen Laboratorium in Mainz erworben haben, dessen Leiter ein Jesuit war. Die neueste von Kilian Stumpf nach China transferierte Glastechnologie ermöglichte dem Würzburger, als Hofoptiker des Himmelssohnes auf dem Drachenthron selbst Linsen für Teleskope zu erzeugen, die in der kaiserlichen Sternwarte eingesetzt wurden.

Von Ignaz Kögler konstruiert:
Armillarsphäre der Pekinger Jesuitensternwarte

Ignaz Kögler

Sein Nachfolger kam wiederum aus Deutschland: *Ignaz Kögler* (1680-1746). Geboren wurde er als Sohn eines Kürschners in Landsberg am Lech, studiert hat er in Ingolstadt. Bevor Ignaz Kögler im Alter von 35 Jahren als Jesuitenmissionar und Fachkraft für Astronomie nach China geschickt wurde, wirkte er als Professor für Mathematik und Hebräisch an der Universität Ingolstadt. Seit 1717 in Peking, wurde er 1720 Nachfolger von Kilian Stumpf als Direktor des Astronomischen Amtes und des Kaiserlichen Observatoriums.

Ignaz Kögler (sein chinesischer Name: *Dai Jinxian*) schuf 1744 eine neue Armillarsphäre zur Anzeige von Planeten, um die Auf- und Untergangszeiten von Himmelskörpern zu bestimmen. Als Hofastronom in Peking versorgte 1741 Kögler sogar den mit China befreundeten Herrscher von Korea mit sternkundlichen Berechnungen und Informationen über Sonnen- und Mondfinsternisse. Postbote spielte der koreanische Dolmetscher An Kuk-rin, der Mitglied der jährlich nach Peking entsandten koreanischen Gesandtschaft war.

Daraufhin wurde der koreanische Gelehrte Kim Sol-so in die chinesische Metropole geschickt, um sich als Schüler Köglers in die moderne Astronomie einweihen zu lassen.

Für die chinesischen Historiker war Ignaz Kögler aus Oberbayern der Letzte der „ganz großen europäischen Astronomen" in China. Damit geschieht aber *Anton Gogeisl* (1701-1771) Unrecht, der in den Fußstapfen Köglers als Vorstand der kaiserlichen Sternwarte und Chefastronom des Drachenthrones zu den Besten zählte.

P. Gogeisl (chinesischer Name *Bao Youguan*) — geboren in Siegenburg, Studium in München und Ingolstadt — ist 1738 in China eingetroffen. Der Niederbayer verfertigte selbst für das Observatorium Instrumente, z.B. einen Quadranten, „der zum Observieren noch besser befunden wurde als der von Paris" (wie ein Chronist festhielt). Gogeisl ist Mitverfasser des 35 Bände umfassenden Werkes „Yi xiang kao cheng" (Untersuchung der astronomischen Instrumente).

Vor, mit und nach dem Meisterkopf Adam Schall betreuten die Jesuitenastronomen aus Deutschland und dem Abendland 182 Jahre lang — von 1644 bis 1826 — die Kaiserliche Sternwarte: das Alte Observatorium, das jeden kulturinteressierten Pekingbesucher unserer Tage auf eine Zeitreise in die kaiserliche Metropole des 17. und 18. Jahrhunderts entführt, als die Astronomie die erstmalige Begegnung einander fremder Welten — der Hochkulturen von Fernost und Fernwest — erwirkte.

Wiege zwischen Gräbern

Wenn wir unsere Entdeckungsreise auf den Spuren Adam Schalls im modernen Peking des 21. Jahrhunderts fortsetzen, stoßen wir auf einen Friedhof: die *Zhalan-Gräber*.

Peking ist reich an bedeutenden Grabstätten, angefangen von den nahen Ming-Gräbern — der unterirdischen Nekropole (Totenstadt) von Kaisern der Ming-Dynastie — bis zum pompösen Mausoleum von Mao am Platz des Himmlischen Friedens.

Doch ein unbekannter und unscheinbarer Friedhof (genannt *„Li Madou he waiguo chuanjiaoshi mudi"* = „Grabstätte von Matteo Ricci und anderen ausländischen Missionaren") an der Westseite der alten Stadtmauer mit 63 übrig gebliebenen Grabtafeln von über 80 hier begrabenen katholischen Missionaren zählt gleichfalls zu den außergewöhnlichen Gräberanlagen Pekings.

(U-Bahn 2, zehn Gehminuten von der Station Chegongzhuang)

Der innerhalb einer mit Efeu bewachsenen Blocksteinmauer friedlich vor sich hin träumende kleine Friedhof mit den schattengesprenkelten Grabtafeln, die stark verwittert und beschädigt sind, erinnern aber nicht nur an das Ende des irdischen Lebensweges gelehrter Jesuitenpioniere, sondern ebenso an den Anfang ihrer waghalsigen Unternehmung. Denn auf dem Grundstück, auf dem der Gräbergarten angelegt ist, stand gleichsam die Wiege des kühnen, ja ungeheuerlichen Experiments eines Vorstoßes zum Drachenthron.

Die Zhalan-Gräber

Kaiser Wanli aus der Dynastie der Ming hatte das Gelände, das außerhalb des prachtvollen westlichen Stadttores Fuchengmen („Tor der Reichlichen Errungenschaften") lag, den Jesuiten — den „fremden Weisen" aus Fernwest — geschenkt: als Begräbnisplatz für Matteo Ricci und als Wirkstätte für seine Nachfolger.

Matteo Ricci betrat als Erster der Jesuitengelehrten den „fernen Stern" China

Dem Italiener Matteo Ricci — wir erinnern uns — glückte es, 1583 unter Lebensgefahr in das für Fremde streng verbotene mysteriöse „Reich der Mitte" einzudringen und 1601 bis an den Kaiserhof in Peking vorzustoßen — nach unsagbaren Entbehrungen und Bedrängnissen.

Matteo Ricci — der Gottesgelehrte, Philosoph, Mathematiker, Physiker, Astronom und Geograph aus Fernwest — wurde in Sprache, Kleidung und Sitte zum Chinesen Li Madou. Meister Li, wie er genannt wurde, galt im China der ausgehenden Ming-Epoche bekanntlich als Jahrhundertgenie.

Für die Christen ist er der Apostel Chinas, dessen Missionsmethode der Inkarnation auf die „Fleischwerdung" Christi in der jeweiligen Kultur abzielte.

Der „Gigant" Li Madou (= Matteo Ricci) in einer Pekinger Metro-Station

Seine Bemühungen um die Evangelisierung — er verfasste u. a. eine Art Katechismus auf Chinesisch — trugen Früchte: Chinesen aus den höchsten Kreisen bekehrten sich. Was ihm aber weltgeschichtliche Bedeutung verlieh: er leitete in der Neuzeit die Begegnung der einander fremden Hochkulturen des Abendlandes und Chinas ein. Er führte in China westliche Errungenschaften in Mathematik, Astronomie, Geographie und Technik ein. Beispielsweise erstellte er eine Weltkarte in chinesischer Sprache. Er übersetzte abendländische Standardwerke der Naturwissenschaft ins Chinesische. Er verfasste ein portugiesisch-chinesisches Wörterbuch. Für den Westen übersetzte der charismatische Jesuit die Lehre des Konfuzius ins Lateinische.

Neuerdings setzte ihm sogar das kommunistische Regime ein Denkmal. Im Jahre 2000 erhielt die chinesische Hauptstadt ein neues modernes Wahrzeichen: das Millennium-Monument. Das ist ein kolossaler Kulturtempel, den die Chinesen selbst in weihevollem Ton „Altar der Jahrhunderte Chinas" nennen. Denn das architektonisch ebenso traditionelle wie futuristische Monument zelebriert den Ruhm von „5000 Jahren chinesischer Zivilisation". Im kreisrunden Millenniumsaal demonstriert ein umlaufendes, wandhohes Relief die Höhepunkte und Meilensteine der Geschichte, Kultur und Wissenschaft Chinas — verkörpert durch 268 Heroen. Was dabei verblüfft, ist, dass die Chinesen unter der Ägide der Kommunisten einen Europäer in die auserwählte Schar ihrer 268 historischen Giganten eingereiht haben: Matteo Ricci alias Li Madou.

Riccis Grabtafel

Zurück zum Zhalan-Friedhof: Als Pater Ricci — Meister Li — 1611 nach 29-jährigem Wirken in China starb, wurde er auf dem Grundstück Zhalan begraben.

Neben Ricci wurden in der Folge die anderen Pioniermissionare bestattet, allen voran Adam Schall.

Auf der von Pinien beschatteten Grabtafel Adam Schalls sind die Schriftzeichen verwittert. „Grabmal des hohen Beamten Tang, Lehrer der Gesellschaft Jesu…" heißt es da, und präzisierend: „Herr Tang, dessen Vorname auf Ruowang lautete, auch Dao Wei genannt, stammt aus dem Lande Germanien am westlichen Ozean".

Über 3 Jahrhunderte war das Gelände als Geschenk des Kaisers an P. Ricci im Besitz der Kirche.

1900 beim Aufstand der „Boxer" — fremdenfeindlicher Rebellen — wurden die Gräber geschändet.

77 der teils zerschlagenen Grabtafeln wurden 1903 in die Außenwände der am Südende des Friedhofscampus neu errichteten Allerheiligenkirche eingemauert. Die Stelen Riccis, Schalls und Verbiests wurden auf ihrem originalen Standplatz belassen.

Die Kommunisten, die 1949 die Macht in China ergriffen, etablierten 1954 auf dem Gelände ihre Stadtparteischule, in der hochrangige Parteioffizielle ihren ideologischen Schliff erhalten. Die Allerheiligenkirche mit den eingemauerten Grabtafeln wurde 1958 in ein Warenhaus umgewandelt.

Premierminister Zhou Enlai persönlich ordnete an, die drei erhaltenen Grabdenkmäler nicht zu entfernen.

Im August 1966 drohte aber den Grabsteinen Riccis, Schalls und Verbiests abermals die Demolierung: durch Maos Rote Garden in der sogenannten Kulturrevolution. Nur der List des Verwalters der Parteischule (der nebenbei Kustos des „Kulturreliktes" des historischen Jesuitenfriedhofs war) ist es zu verdanken, dass die noch aufrecht stehenden Grabtafeln gerettet wurden.

Die Demolierer waren darauf aus, die „Steine des Anstoßes" (sprich: die Grabtafeln) zu zertrümmern und damit das Andenken an die „fremden Teufel" auszulöschen. Doch der Kustos drängte sich den Eiferern auf, mit ihnen drei tiefe Gruben auszuheben und die missliebigen Denkmäler auf ewig zu vergraben. Stolz, die reaktionären Relikte vom Erdboden getilgt zu haben, zogen Maos junge Vandalen mit den roten Armbändern nach vollbrachter Heldentat ab, nicht ahnend, dass sie dem schlauen Verwalter geholfen hatten, die Kulturdenkmäler unter der Erde für die Nachwelt zu bewahren.

1973 wurde die erst 1903 auf dem damals noch kircheneigenen Grund errichtete Allerheiligenkirche abgerissen, denn die Parteischule brauchte Platz für die Errichtung eines Speisesaals. Die in die Außenmauern des Gotteshauses eingelassenen, zum Teil in Stücke gebrochenen Totensteine von 77 Missionaren wurden verstreut und blieben auf dem Zhalan-Terrain liegen.

Ein italienischer Wissenschaftler, Professor Piero Corradini, der an der Universität Macerata, der Geburtsstadt Matteo Riccis, unterrichtete, ersuchte 1978 den Leiter einer in Italien weilenden chinesischen Wissenschaftsdelegation, Xu Duxin, für den zum Chinesen gewordenen großen Italiener P. Matteo Ricci in Peking ein neues Grabdenkmal zu errichten, davon ausgehend, dass das originale nicht mehr existierte. Daraufhin gab der damalige chinesische Machthaber Deng Xiaoping höchstpersönlich die Zustimmung zur würdevollen Renovierung des Friedhofs mit den ausgegrabenen Totensteinen Riccis, Schalls und Verbiests im Mittelpunkt.

Erst seit China wieder interessiert ist, die Kluft zwischen Ost und West sowie zwischen China und der Kirche zu überbrücken, ist der bis dahin erfolgreich geheim gehaltene Off-limits-Friedhof in Begleitung eines Kustos zugänglich.

Die Behörden haben den Missionarsfriedhof 1984 sogar in die Liste der staatlich geschützten großen Kulturdenkmäler Pekings aufgenommen.

12 Fuß hoch sind die Grabsteine in chinesischem Stil mit eingravierten lateinischen und chinesischen Buchstaben bzw. Schriftzeichen sowie Symbolen. Die Kapitelle zeigen zwei ineinander verschlungene Drachen (Symbol des Kaiserreiches China), die mit einer Perle (einem chinesischen Glückssymbol) spielen und ein Kreuz und das Monogramm der Jesuiten — IHS — umschließen: ein Zeichen, dass der Brückenschlag der Kulturen unter dem Dreigestirn Ricci-Schall-Verbiest von gegenseitiger Toleranz geprägt war.

Die Grabtafeln flößen Ehrfurcht ein und erinnern an große Geister, die zu den berühmtesten ausländischen Freunden Chinas zählen, 7 davon sind Deutsche, einer ist Österreicher und einer Schweizer.

Abreibung der Grabtafel Adam Schalls im Wuta-Si-Museum

So wie die Sternkunde — nach biblischem Bericht — einst die Heiligen Drei Könige zur Anbetung des Christkindes im Stall von Bethlehem geleitet hatte, so hofften die Jesuiten, dass die Astronomie den Kaiser von China zur Erkenntnis und Anbetung des wahren Gottes, des Herrn der Sterne, führen werde.

Zwar stand die Astronomie im Brennpunkt der Jesuitenmission. Sie war gleichsam der „goldene Schlüssel" zur Verbotenen Stadt. Doch die Grabtafeln der hochintellektuellen geistlichen Männer auf dem Zhalan-Friedhof verraten, dass die Hofjesuiten nicht nur Astronomen und Mathematiker waren.

Sie hatten vielerlei Posten inne: vom Landvermesser bis zum Musiker, vom Maler bis zum Uhrmacher — oder Diplomaten und Dolmetscher. Darauf werden wir noch zu sprechen kommen.

Silbergeld für Südkirche

Nächste Station auf unserem Schall-Streifzug durch das heutige Peking: die Nantang.

Zu Beginn der Qing-Dynastie schenkte Kaiser Shunzhi seinem Freund und Berater Adam Schall ein — dem bisherigen Kirchenbesitz benachbartes — Grundstück im Südwesten der Nordstadt.

Hier errichtete Pater Schall (der schon seit 1640 Chef der katholischen Mission in Peking war) im Jahre 1650, von Kaiser Shunzhi mit Silbergeld als Baukostenzuschuss unterstützt, die erste christliche Kirche in Peking, die sogenannte Südkirche (= Nantang), die heute die Kathedralkirche Pekings und der Bischofssitz ist.

Die Südkirche (Nantang) heute

Die heutige Form des Gotteshauses stammt aus dem Jahre 1904 und ist ein Neubau nach den Zerstörungen durch Erdbeben und durch die Boxer. Doch die Gründung geht auf P. Schall zurück.

Nicht nur der erste Mandschu-Kaiser Shunzhi (Begründer der Qing-Dynastie) besuchte P. Schall häufig in der Nantang zu Gesprächen. Der Ort war für Jahrhunderte Forum der Begegnung europäisch-christlicher und chinesisch-konfuzianischer Kultur.

Urige Türme und Tore

Wenn wir wie Detektive den geschichtlichen Resten der Zeiten Adam Schalls und seiner Mitbrüder in Peking nachspüren, kostet es gewiss Mühe, der Gegenwart der explodierenden Mega-Metropole zu entschweben: der chaotischen Betriebsamkeit von 16 Millionen Einwohnern, dem Moloch Verkehr mit Millionen Autos auf achtspurigen Ringautobahnen und den glasfunkelnden Wolkenkratzern mit himmlischer Aussicht.

Doch es gibt in Chinas Hauptstadt noch bauliche Relikte, die uns in das Umfeld P. Schalls zurückführen.

Wenn wir die stumme Sprache alter Türme, Mauern, Stadttore, Grabtafeln, Kirchen und astronomischer Instrumente zu entziffern verstehen, enthüllt sich uns im Geiste noch umrisshaft die Welt des „großen Doktor Tang“, der in China Geschichte gemacht hat.

Imposante Zeitzeugen aus Adam Schalls Peking, die bis in unser 21. Jahrhundert überlebt haben —

wie der Trommelturm (Gulou), der Glockenturm (Zhonglou) und das Zhengyang-Tor (Zhengyangmen) oder Vordertor (Qianmen) — helfen uns, wegzuschweifen und uns das alte Peking auszumalen, das damals ½ Million Einwohner zählte: ein Meer eingeschossiger Reihenhäuser in eintönigem Grau und Braun, mit schattigen, verschachtelten Innenhöfen, in einem Gewirr labyrinthartiger winkeliger Gassen...

Das Nordende der alten Inneren Stadt markierten zwei auf das Jahr 1420 zurückgehende Türme, die jahrhundertelang die Tages- und Nachzeiten verkündeten. Man kann den *Trommelturm* und den *Glockenturm* noch heute über finstere, halsbrecherisch steile Treppen besteigen.

Der Tag im alten China war in Doppelstunden eingeteilt: alle 2 Stunden wurde also der große Holzbalken auf die Glocke gestoßen. Um 7 Uhr abends wurde im massigen Trommelturm die gewaltige, mit Rindsleder bespannte Trommel 13 Mal geschlagen, um die Nacht anzukündigen und das Signal für die Schließung der Stadttore zu geben. Glockenklänge und Trommelschläge — vertraute Töne im Ohr des im Peking des 17. Jahrhunderts lebenden deutschen Jesuiten vom Rhein.

Übrig geblieben ist weiterhin das sogenannte *Vordertor*, das ohne die Stadtmauer, die 1965 fast vollständig abgerissen wurde, heute etwas verloren dasteht. Das Vordertor, 1421 unter der Ming-Dynastie erbaut, war der größte und zentrale Durchgang der Stadtmauer zwischen der Inneren Stadt und der Äußeren Stadt.

Der auf das Jahr 1420 zurückgehende Glockenturm

Das Vordertor (Qianmen), 1421 erbaut

Das Vordere Tor — das höchste und prächtigste der neun Tore des alten Peking — war nur den kaiserlichen Sänften und Wagen vorbehalten, wenn sich der Himmelssohn zum Himmelstempel (Tiantan) begab, um Opferzeremonien zu vollziehen und den Himmel um Segen und eine gute Ernte zu bitten.

Die urigen Türme und Tore aus dem 15. Jahrhundert stimmen uns auf die chinesische Welt Adam Schalls ein und rufen die faszinierende Epoche der frühen katholischen Peking-Mission wach.

Entzweit durch Ritenstreit

Die spannende Erfolgsgeschichte der christlichen Mission erreichte ihren Höhepunkt, als Kaiser Kangxi am 22. März 1692 das Freiheitsedikt erließ und damit das Christentum zur staatlich anerkannten Religion mit denselben Rechten wie Buddhismus und Daoismus machte. Das schuf neue Freiräume für die Missionstätigkeit anderer katholischer Ordensgemeinschaften wie der Augustiner, Franziskaner und Dominikaner. Das abgekapselte Großreich China öffnete sich dem Christentum, dank der Jesuitengelehrten wie Adam Schall.

Doch auf den Frühling der Aussaat des biblischen Samenkorns folgten kein Sommer der Reife und kein Herbst der Ernte…

Denn ein innerkirchlicher Bremsklotz hemmte und stoppte die Ausbreitung des Evangeliums im Reich der Mitte: der schicksalhafte *Ritenstreit.*

Die mit China befasste katholische Kirche spaltete sich in zwei Lager:

Die (meisten) Jesuiten vertraten, getragen von der Hochachtung vor der chinesischen Kultur und Weisheit, die Missionsmethode der „Adaption" bzw. „Akkommodation", d. h. der weitgehenden Anpassung an die Zivilisation und Gesellschaft Chinas. Das Christentum sollte für die Chinesen kein Fremdkörper sein.

Die Gegenpartei, im Europäismus gefangen, stufte bestimmte chinesische Riten und Bräuche als Aberglauben, Heidentum und Götzendienst ein und forderte daher von chinesischen Christen einen radikalen Bruch mit ihrem angestammten Glauben. Sie hielten sich nicht damit auf, das Denken der Chinesen zu studieren, sondern verkündigten frei von der Leber weg den Katechismus abendländischer Version.

Dem Lager der Jesuiten stand das Lager der Dominikaner und Franziskaner gegenüber, doch in beiden Lagern gab es Abweichler von der Ordenslinie.

Rom stand im schwelenden Ritenstreit zunächst grundsätzlich auf der Seite der Jesuitenpioniere. Die für die Evangelisierung zuständige römische Kongregation der Glaubensverbreitung (De Propaganda Fide) — das päpstliche „Missionsministerium" — gab 1659 nach Ostasien ausgesandten Missionaren die strikte Order: „Versucht in keiner Weise, die Völker dazu zu bringen, ihre Riten, Gebräuche und Sitten zu ändern, sofern diese nicht ganz klar gegen Glauben und Sitten sind! Was gibt es Absurderes, als bei den Chinesen Frankreich, Spanien, Italien oder irgendein anderes europäisches Land importieren zu wollen! Führt bei ihnen nicht unsere Länder ein, sondern den Glauben, diesen Glauben, der die Sitten und Gebräuche keines Volkes zerstört, sofern diese nicht in sich schlecht sind, sondern der will, dass man sie bewahrt und beschützt."

Alessandro Valignano

Leitfigur der Anpassung im Fernen Osten war der italienische Jesuit Alessandro Valignano (1539-1606), der ab 1595 „Visitator" (treffender wäre der Ausdruck: Organisator) der Mission in Indien, China und Japan war, ein dynamischer Manager mit ausgeprägtem Realitätssinn und Weitblick. Freilich handelte Valignano in Ostasien im Grunde nicht anders, als schon das frühe Christentum bei seiner Ausbreitung in der antiken griechisch-römischen Welt vorging. Er forderte von den Missionaren: anzuknüpfen an Denken, Mentalität, Lebensart und Werte der anderen Kulturen und sich einzulassen auf das Fremde, um ein bodenständiges, in der Volksseele verwurzeltes Christentum aufzurichten.

1615 hatte der Papst sogar erlaubt, die Liturgie in chinesischer Sprache zu feiern!

Wandelten die Jesuitenmissionare nicht auf den Spuren des Apostels Paulus, der in seiner Rede auf dem Areopag mit Feingefühl gebildeten Athenern den unbekannten Gott verkündete, den sie bereits verehrten, ohne ihn zu kennen (Apg 17,23)?

Die Jesuiten in China, die es besonders mit der Oberschicht — den Mandarinen (Beamten) und Literaten — zu tun hatten, präsentierten das Christentum als Erfüllung der Traditionen Chinas: als Ergänzung und Vollendung und Überhöhung des Konfuzianismus.

In ihrem Bestreben, die kulturellen Traditionen Chinas mit den christlichen Vorstellungen zu harmonisieren, neigten sie gewiss dazu, Widersprüche und Gegensätze abzuschwächen, was ihre Widersacher als Laxheit kritisierten.

Die indirekte Mission durch Wissenschaft, Technik und Kunst war den Vertretern der direkten Missionsmethode ein Dorn im Auge. Sie duldeten keine Kompromisse und verdammten jedes Nachgeben.

Denn die nichtchristlichen Kulturen hielten sie für ein Werk des Teufels.

Die Hardliner glaubten ein reines, überweltliches Christentum zu predigen, das unvereinbar war mit dem traditionellen Weltbild der Chinesen. Daher bekämpften sie im Ritenstreit ängstlich die großzügige Anpassung an die Denkweise und Lebensart der Chinesen als Versuch, dem Heidentum ein christliches Mäntelchen umzuhängen.

Deus oder Shangdi?

Der kirchliche Zwist in China betraf hauptsächlich fünf Streitfragen:

Erstens die Konfuzius-Verehrung, zweitens den Ahnenkult, drittens die Predigt vom Kreuz, viertens den Gottesnamen und fünftens die Kirchengebote.

1. *Konfuziusverehrung*

Die Jesuitenmissionare haben ihm den lateinischen Namen *Konfuzius* verpasst, unter dem sie ihn in Europa bekannt und berühmt gemacht haben: sein richtiger Name war *Kongzi* (in alter Umschrift: Kung Tze). Er lebte von 551-479 vor Christus. Er war der Staatsideologe im Kaiserreich China. Er formte aber nicht nur die Kultur und den Alltag Chinas, sondern darüber hinaus die Gesellschaft in Japan, Korea und Vietnam durch seine Predigt der klassischen Tugenden.

Konfuzius erblickte das Heil in der Rückbesinnung auf das alte Wertesystem, das allein den edlen Menschen und das ideale Gemeinwesen ermöglicht.

Konfuzius

Die konfuzianischen Kardinaltugenden sind:
>Selbstlosigkeit/Mitmenschlichkeit/gegenseitige Liebe/Wohlwollen,
>Rechtschaffenheit/Gerechtigkeit,
>Sittlichkeit/Schicklichkeit/Vollzug der Rituale,
>Weisheit/Wissen/Bildung/Aufrichtigkeit,
>Güte/Gegenseitigkeit/Treue/Vertrauenswürdigkeit/Loyalität.

Konfuzius war der Schöpfer einer Philosophie, einer Weltanschauung, einer Soziallehre, einer vernunftbegründeten Ethik und vieles mehr, aber war der Pädagoge der Nation ein Religionsstifter? Seine Lehre war zweifellos diesseitsbezogen: innerweltlich, nicht überweltlich. Sie brauchte keine Priester und hatte nichts mit einem Paradies oder einer Hölle im Jenseits zu tun.

Als Vorbild und Ideal haben ihn die Chinesen seit der Frühzeit verehrt — in Dankbarkeit für die empfangene Lehre. Das ist eine Wurzel des Ritenstreites unter den katholischen Chinamissionaren.
Wenn die Chinesen vor dem Konfuziusbild Weihrauch abbrennen und dem Heros und Heiligen der Nation mit einer Opferfeier (chinesisch: Ji) huldigen — ist das ein weltlicher oder religiöser Akt? Das ist eine typisch europäisch-westliche Unterscheidung auf der Grundlage formaler Logik. In China bestimmt aber die Intuition das Denken. Im Kopf eines klassischen Chinesen hat die Ritenfrage keinen Sinn, denn die Riten sind weder weltlich noch religiös bzw. sowohl weltlich als auch religiös.

Die spitzfindigen und definitionssüchtigen Europäer trennen natürlich fein säuberlich zwischen Religion und Weltanschauung und schon ist der Konflikt zwischen den Jesuiten und den „Mendikanten" = „Bettelorden" (wie die Ordensmänner des hl. Dominikus und des hl. Franziskus damals genannt wurden) vorprogrammiert.

In den Augen der Jesuiten (die mehr die gebildete Oberschicht im Blick hatten) waren die Riten im Großen und Ganzen, wie gesagt, ziviler Natur: ein säkularer Staatsakt.

In den Augen der konservativen Mendikanten (sie hatten es als Missionare mehr mit den ärmeren Volksschichten auf dem Lande zu tun) waren die weihevollen Konfuziusriten mehr als eine reine Gedenkfeier, mehr als nur eine bürgerliche Pietäts- und Ehrenbezeugung.

Sie glaubten, in der Konfuziusverehrung Züge der Idolatrie (Bilderanbetung), des Götzendienstes und des Geisterglaubens zu entdecken. Daher verlangten sie, dass den Christgläubigen kirchlicherseits die „kultische Handlung" der Konfuziusverehrung als magischer Ritus verboten werde. Sie zögerten nicht einmal, Chinas offiziellen Staatsphilosophen und Weisheitslehrer Nummer eins in die Hölle zu verbannen, gemäß der Bibelstelle: „Wer glaubt und sich taufen lässt, wird gerettet; wer aber nicht glaubt, wird verdammt werden" (Mk 16,16).

2. Ahnenkult

Was auf nationaler Ebene die Konfuziusverehrung war, war auf familiärer Ebene der Ahnenkult.

Zur Ahnengedenkfeier wurden vor den Ahnentafeln mit den Namen und Bildern der Vorfahren Räucherkerzen angezündet, Weihrauch abgebrannt, Speisen und Wein geopfert. Die Nachfahren verbeugten sich vor den Bildern ihrer geliebten Verstorbenen, der toten Eltern, Großeltern und Ahnen. Sie riefen sich das Angesicht der Toten in Erinnerung. In Verbundenheit mit den Ahnen fühlen sich die mit einem wesenseigenen Familiensinn begabten Chinesen seit eh und je als Großfamilie, zu deren Festigung der Ahnenkult dient. So hielten die Jesuiten den ihrer Meinung nach längst entmythologisierten Ahnenkult primär für einen bürgerlich-familiären Brauch: den Ausdruck der kindlichen Pietät.

Die Gegner der Akkommodation unter den Missionaren witterten im Ahnenkult den Aberglauben der Chinesen, dass die Ahnenseelen als Geister in den Ahnentafeln wohnen und in die Geschicke der Lebenden eingreifen. Daher verfemten sie den Ahnenkult, der aus ihrer Sicht die Ahnen wie überirdische Wesen verehrt, als Götzendienst.

Den Christen in China die Konfuziusverehrung und den Ahnenkult zu verbieten, hieß aber nichts anderes, als sie ins Abseits zu drängen und zu Fremden im eigenen Volk und in der eigenen Familie zu machen.

Die unterschiedlichen kirchlichen Standpunkte in der Ritenfrage erklären sich, wie gesagt, zu einem guten Teil aus den unterschiedlichen Erfahrungen. Die Jesuiten hatten in erster Linie die Philosophie der „Nobilität" — der Hochgestellten und Hochgebildeten — im Auge, einen aufgeklärten Konfuzianismus, die anderen aber den Volksglauben, der ein Schmelztiegel konfuzianischer, daoistischer und buddhistischer Praktiken war, vermischt mit reichlich Hokuspokus vom Orakelwesen bis zur Goldmacherkunst.

3. *Predigt vom Kreuz*

Die Hinrichtung am Kreuz war eine ehrenrührige Todessstrafe, sodass die Botschaft vom Kreuzestod des Gottessohnes, der selbst Gott ist, in den Ohren der „akademischen Kreise" Chinas albern und lächerlich klang. Was ist das für ein Gott, der sich hinrichten lässt?! Das Mysterium der Inkarnation und der Erlösung hatte für die chinesischen Intellektuellen „etwas Empörendes", formulierte der ab 1688 in China wirkende französische Jesuit P. Louis Le Comte. „Es war widersinnig für sie".

Ihr Geist sträubte sich, wenn sie hörten, dass die Christen einen gewissen „Yesu" für den „Herrn des Himmels" (Tianzhu) — Gott — hielten: einen Mann, der zur Zeit des in China regierenden Han-Kaisers Ai in einem fernen kleinen Königreich Judäa jenseits der Meere von einer „Jungfrau Maliya" in einer Viehhütte geboren wurde, den die Justiz als Unruhestifter verurteilte und der mit Schimpf und Schande hingerichtet wurde, angenagelt an ein Gerüst in der Form des chinesischen Schriftzeichens für Zehn, und Qualen leidend starb.

Damit die Jesuiten nicht von vornherein auf taube Ohren stießen, suchten sie zuerst durch Astronomie, Mathematik, Kartografie usw. das Interesse für das Christentum zu wecken, bevor sie in der Verkündigung behutsam — statt in grober Ungeduld — das innerste Geheimnis der Erlösung ausbreiteten. Sie wollten nicht durch aufdringlichen Übereifer Misstrauen und Abwehr anheizen.

Das Vorgehen der Jesuiten war nicht ohne Beispiel.

In den ersten Jahrhunderten des Christentums wurde die Kreuzesdarstellung vermieden, zu abstoßend und anwidernd empfand die antike abendländische Welt die Kreuzigung.

Das erklärt, warum die älteste überlieferte Kreuzesdarstellung aus dem Jahre 125 ein Spottkreuz in einer römischen Kaserne ist. Sie zeigt eine auf dem Kreuz hängende Menschengestalt mit Eselskopf und einen davor knieenden Soldaten. Bildunterschrift: „Alexamenos betet seinen Gott an".

Erst im 4., 5. und 6. Jahrhundert wurde das Kreuz Symbol des christlichen Glaubens, offiziell 431 auf dem Konzil von Ephesos.

In China scheuten sich die Jesuitenmissionare, ihre Predigt mit dem in China in gleicher Weise als Schandpfahl empfundenen Kreuz zu beginnen, bevor sie ihr Publikum vorbereitet hatten, das Todeszeichen als Siegeszeichen zu verstehen.

Anders die Scharfmacher im Ritenstreit: sie hielten ihre Straßenpredigten mit hoch erhobenem Kreuz in der Hand, den Skandal des Kreuzes herausfordernd im Sinne des hl. Paulus: „Wir dagegen verkündigen Christus als den Gekreuzigten: für Juden ein empörendes Ärgernis, für Heiden eine Torheit" (1 Kor 1,23).

4. Gottesname

Wenn Chinas Lehrmeister Konfuzius seinen Landsleuten ans Herz legte, dem Himmel (chinesisch: *Tian*) Ehre zu erweisen, so meinte er damit nicht im Entferntesten, einen persönlichen Gott anzubeten.

Die konfuzianische Bürgerpflicht der Himmelsverehrung bestand darin, sich in die Ordnung des Kosmos (des gestirnten Himmels und der Erde) einzufügen.

Dennoch verwendeten die Jesuiten in der Verkündigung der christlichen Lehre die chinesischen Gottesnamen wie *Tian* = „Himmel", *Shangdi* = „Herrscher in der Höhe" oder *Tianzhu* = „Himmelsherr".

Die Befürworter der Akkommodationsmethode sträubten sich dagegen, der eigenständigen Hochkultur der Chinesen den in der abendländischen Theologie eingeführten lateinischen Namen für Gott — *Deus* — zuzumuten, wie es die Gegner der Akkommodation forderten. (Die Gegner der Anpassung bedachten nicht, dass Deus keineswegs der biblische Gottesname[*] ist, sondern bereits ein an die abendländische Kulturwelt angepasstes Ersatzwort).

Kurzum: Während die Anpassungsgegner befürchteten, dass die chinesischen Gottesnamen das

---

[*] In den jüdisch-christlichen Heiligen Schriften wird der eigentliche, aber unaussprechliche biblische Gottesname J-H-W-H (Jahwe) — „Ich bin da" — durch das hebräische „Adonai" und das griechische „Kyrios" (lat. Dominus) — Herr — ausgedrückt.

Bild vom Gott der Bibel verfälschten, vertrauten die Jesuiten darauf, dass sich Inhalt und Bedeutung des Gottesnamens allmählich wandeln, wenn zum Christentum bekehrte Chinesen in ihren neuen Glauben hineinwachsen.

5. *Kirchengebote*

Die im abendländischen Frühmittelalter unter dem Namen „Kirchengebote" zusammengefassten und auf europäische Verhältnisse zugeschnittenen Anweisungen und Vorschriften für die Glaubenspraxis waren in einem nichtchristlichen Milieu wie in China kaum zu erfüllen, wie z. B. die Sonntagsheiligung (u.a. Verbot der Sonntagsarbeit) in einem Land, das keinen Sonntag kannte.

Die Jesuiten urgierten daher nicht die Verpflichtung der Neuchristen, „an Sonn- und Feiertagen andächtig der hl. Messe beizuwohnen" (1. Kirchengebot).

In der kompromisslosen Ablehnung der Riten — der Verehrung des Meisters Konfuzius, der Lehrer, der Eltern und der Ahnen — erblickte der deutsche Jesuitenastronom Ignaz Kögler, Vorsteher der Kaiserlichen Sternwarte in Peking, nichts weiter als Übereifer, wie aus einem Brief herauszulesen ist, den er an seinen leiblichen Bruder nach Bayern schrieb: „Was würde man wohl in Europa dazu sagen, wenn man die Gebräuche wollte verbieten, welche in der Fastnacht, an St. Martins Tag, bei dem Anfang des Monats Mai und anderen Zeiten in Schwung gehen? Diese ziehen ihren Ursprung ganz gewiss aus der alten Heidenschaft her, und wegen des üblen Gebrauchs, welcher sich dabei einschleicht, sind sie viel öfter strafmäßig als die Gebräuche der Chinesen; gleichwohl würde es niemand in Europa dulden wollen, wenn man die so alten Gebräuche unter Bedrohung des geistlichen Banns verbieten und abschaffen sollte."

Selbst unter den Jesuiten gab es aber Ritengegner wie Niccolo Longobardi, der schon 1623 in einer kritischen Abhandlung den Konfuzianismus als Atheismus bewertete und der Verwendung chinesischer Namen für den christlichen Gottesbegriff entgegenwirkte.

Adam Schall selber war wie Matteo Ricci Pionier der flexiblen Missionspraxis der „Anpassung", d. h. der Annäherung des Christentums und der Kirche an die chinesische Kultur, Tradition und Lebensart.

Dennoch war Schall kein Wortführer in der Ritendiskussion. Als Ende 1627/Anfang 1628 21 Missionare und 4 berühmte Konvertiten in Jiading (bei Shanghai) zur Debatte über die brennende Ritenfrage zusammenkamen, nahm Schall, der damals allerdings noch keine tragende Rolle spielte, nicht an der Tagung teil.

Verhängnisvolle Wende

In Europa erregte der chinesische Ritenstreit die Gemüter von Kirchenfürsten, Theologen und Gelehrten und in China ergriffen mächtige Mandarine und angesehene Literaten Partei. Kaiser Kangxi höchstpersönlich wurde als Zeuge in den Ritenstreit hineingezogen. Von den Jesuiten um sein Urteil gebeten, bestätigte er am 30. November 1700, dass die Verehrung der Eltern und Lehrer kein abergläubischer Opferdienst sei, sondern die natürlichen Gefühle der Dankbarkeit ausdrücke. Und dass das Wort „Himmel" in der chinesischen Überlieferung nicht den physikalischen Himmel (sprich: das Kosmische Prinzip oder das Naturgesetz) bezeichne, sondern „ein höchstes, intelligentes Wesen, Schöpfer des Weltalls und Herrscher über Himmel und Erde".

Papst Clemens XI.

Das war voll im Sinne der Jesuiten, die durch ihre Studien die Überzeugung gewonnen hatten, dass der Ur-Konfuzianismus einen Eingottglauben voraussetzte.

Doch Erzfeinde der Riten taten die kaiserliche Stellungnahme als ungebührliche Einmischung eines heidnischen Potentaten ab. Andere verdächtigten die Jesuiten, das imperiale Gutachten gefälscht zu haben.

Im kirchlichen Ritenstreit von 1610 bis 1774 ging es hin und her und auf und ab, bis Papst Clemens XI. am 20. November 1704 in Rom gegen die angefeindeten Jesuiten entschied und die chinesischen Riten ächtete. Das war die unglückselige und verhängnisvolle Wende für die christliche Chinamission, die damals rund 300.000 Christen betreute.

Um sein Verbotsdekret durchzusetzen, sandte Clemens XI. 1705 einen Legaten nach Peking an den Kaiserhof. Der päpstliche Gesandte, Charles-Thomas Maillard de Tournon, erwies sich als inkompetent und verhielt sich feindselig, unnachgiebig und überheblich.

„Häufig reizte und verletzte er den Kaiser ohne Not", wie der Historiker Ludwig Pastor in seiner „Geschichte der Päpste" notiert. Er brüskierte den Kaiser eines Reiches, das sich stolz für den Mittelpunkt der Welt hielt.

Der Kaiser war empört, dass ihm eine ausländische Autorität — der Papst — durch einen „ignoranten" Boten ausrichten ließ, dass ein Teil seiner Untertanen nicht mehr die familiären und gesellschaftlichen Verpflichtungen erfüllen darf: das war zu viel.

Die Christen, die von einer fremden Macht abhängig waren, erwiesen sich dadurch als staatsgefährdende Splittergruppe.

Traditionelle Chinesen mussten das Ritenverbot als Anschlag auf Chinas über tausendjährige bewährte sittliche Ordnung verstehen.

Hatten die Jesuiten das Christentum noch als Krönung des Konfuzianismus ausgegeben, so erklärte der Papst — nochmals 1715 in der Apostolischen Konstitution „Ex illa die" — die Unvereinbarkeit von Konfuzianismus und Christentum.

Kaiser Kangxi schrieb eigenhändig dazu: „An Unsinn hat man noch nie so etwas gesehen." Prompt untersagte er die Missionstätigkeit im Reich. Die Patres in Peking behandelte er aber als Gäste und Vertraute, die er unter seinen Schutz stellte.

Sein Nachfolger Kaiser Yongzheng (reg. 1722-1735), dem Lamaismus ergeben, verbot das ihm verhasste Christentum und wies die Missionare aus. Ein Teil der Missionare folgte der Verbannung nicht und versteckte sich unter Lebensgefahr in Schlupfwinkeln, ein anderer Teil schützte Krankheit und Altersgebrechlichkeit vor, um die Abreise hinauszuzögern.

Aber 30 Missionare konnten der Verbannung nicht entkommen.

Nur die unentbehrlichen verdienten Hofjesuiten durften in Peking bleiben. Sie boten den ab 1723 verfolgten chinesischen Christen noch einen gewissen Schutz. Die Gottesdienste wurden geheim in Privathäusern gefeiert. Die Bekehrungen gingen drastisch zurück.

Kaiser Yongzheng

Kaiser Qianlong

Endgültig verworfen wurden die chinesischen Riten am 11. Juli 1742 durch Papst Benedikt XIV., dessen Ritenbulle „Ex quo singulari" allen Chinamissionaren den Eid abverlangte, sich an das Ritenverbot zu halten.

Kaiser Qianlong (reg. 1735-1796) machte kurzen Prozess: er befahl, die Kirchen in den Provinzen zu zerstören und die illegal im Land arbeitenden Missionare zu inhaftieren. Die chinesischen Christen wurden zur Aufgabe ihres Glaubens gedrängt, dennoch überlebten bestehende Christengemeinden.

Die mögliche Ausbreitung des Christentums im Reich der Mitte war gescheitert, das Ende der Mission war besiegelt. Es ging rapid bergab. Mut und Glauben verloren die chinesischen Christen in den heftigen Verfolgungen aber nicht. Nur wenige ließen sich von Kerker und Folter einschüchtern. Die große Mehrheit der Christen blieb heroisch standhaft. Das verwirrte nicht selten ihre Richter und Schergen.

Prägnant summiert Zhang Dawei: Die religiöse Mission der Jesuiten in China „begann mit Naturwissenschaft und Technologie und sie endete mit Naturwissenschaft und Technologie".

Erst 1939 annullierte Papst Pius XII. das tragische Ritenverbot, allzu spät: das chinesische Porzellan war zerschlagen.

Austausch von Geist und Gütern

Ein voller Erfolg der Jesuitenmission in China war der Kulturaustausch. Die Gelehrten aus der Gesellschaft Jesu schufen eine kontinentale Kulturbrücke, die durchaus keine Einbahn war. In regem Gegenverkehr liefen Transporte von Kulturgütern aller Art fernostwärts und fernwestwärts zu beidseitigem Nutzen. Der Wissenstransfer überbrückte geistige Welten.

Schon clevere europäische Schüler können die „Fünf großen Erfindungen" der Chinesen aufzählen: Porzellan, Papier, Buchdruck, Schießpulver und Kompass.

Die Historiker wissen noch mehr: China war über lange Strecken der Menschheitsgeschichte führende High-Tech-Nation.

Der Kulturraum China war durch Jahrtausende gesegnet mit Geistesblitzen und Geniestreichen, als Europa noch im wissenschaftlichen Tiefschlaf verharrte.

Viel verdankte das Entwicklungsland Europa den Chinesen, oft ohne es zu wissen, wenn ihre Erfindungen und Erkenntnisse erst auf Umwegen zu uns gelangten.

Um nicht vom Thema abzuschweifen, beschränken wir uns auf einige Stichworte als Beispiele chinesischer Erfindungen, die in Europa erst Jahrhunderte später angekommen sind oder entwickelt wurden. Chinesische Erfindungen, die die Welt veränderten, sind neben Porzellan, Papier, Buchdruck, Schießpulver und Kompass u. a.: Seidenraupenzucht und Seidenproduktion, Nudeln/Spaghetti (wahrscheinlich von Marco Polo nach Italien gebracht), Hanfseil, Sonnenuhr, Gusseisen, Ochsen- und Pferdegeschirr, Flugdrachen, Armbrust, Eiserne Pflugschar, Gerät zur Trennung von Spreu und Getreide, Kettenpumpe (um Trinkwasser aus den Flüssen zu fördern), Seismoskop (zur Erdbebenfahndung), Erdgas als Brennstoff, Schubkarre, Heckruder, Steigbügel, Eisenketten-Hängebrücke, Papiergeld (Wertscheine), Kanalschleuse, Tiefbohrtechnik, Ur-Raketen („Fliegendes Feuer") ...

Die „Ingenieurskunst" war hoch geschätzt im frühen China: sie entwickelte ausgefeilte Techniken speziell im Straßen- und Brückenbau im Dienste des Verkehrs oder bei der Anlage von Kanälen, Dämmen und Staubecken zum Wassertransport und zur Bewässerung der Felder. An Einfallsreichtum und Gelehrsamkeit fehlte es in Chinas glorreicher Vergangenheit nicht.

Doch zu Beginn der Neuzeit, als die Jesuiten an Chinas verriegelten Toren pochten, war Europa klar Spitzenreiter im naturwissenschaftlichen und technischen Fortschritt (der schließlich im späten 18. Jahrhundert in Europa zum epochalen Umbruch der industriellen Revolution führte). Europa erlebte mit der sogenannten „kopernikanischen Wende" einen naturwissenschaftlichen Aufbruch und Aufschwung ohnegleichen. Chinas Wissenschaft dagegen stagnierte damals. Ein verknöchertes Beamtentum bremste den Schwung für Wandel und Neuerungen. Ein Impuls durch europäisches Know-how war also Wind in der forschungsmäßigen Flaute der zerfallenden Ming-Herrschaft.

Der technologische Vorsprung Europas zur Zeit der Ankunft der Jesuitenmissionare in China war in der Tat der Hauptgrund dafür, dass die Gelehrten aus Fernwest überhaupt die Chance erhielten, sich im für Fremde verbotenen Reich der Mitte aufzuhalten. Denn die abendländischen Errungenschaften waren eine Bereicherung für die chinesische Wissenschaft.

Eröffnet wurde der Wissens- und Warenaustausch mit — mechanischen Uhren. Nachdem der Italiener Matteo Ricci als erster Jesuitenmissionar 1601 allen Verboten und Widerständen zum Trotz schrittweise bis zum Drachenthron in Peking vorgestoßen war — siebzehn lange Jahre hatte er sich unter unsäglichen Entbehrungen und Gefahren darum bemüht —, überreichte er Kaiser Wanli (reg. 1572-1620) Gastgeschenke. Genauer gesagt: er überreichte sie in der Verbotenen Stadt den Hofeunuchen für den Kaiser, denn kein Sterblicher durfte bekanntlich den Himmelssohn persönlich zu Gesicht bekommen — außer den Palastdamen und den Hofeunuchen.

Unter Riccis Gastgeschenken befanden sich eine kleine Uhr aus vergoldetem Metall mit Federantrieb und eine Standuhr mit Pendel und herunterhängenden Gewichten. Das europäische Zifferblatt ersetzte Ricci durch ein chinesisches, das er selbst angefertigt hatte. Der Kaiser war ungeheuer fasziniert von der „Glocke, die von selber läutet", wie er das technische Wunderwerk der Schlaguhr nannte, die die Tages- und Nachtstunden nicht nur durch Zeiger, sondern sogar durch Glockenklang vermeldete.

Ricci musste vier aus dem Kolleg der Hofmathematiker ausgewählte Eunuchen in der Wartung der tickenden und schlagenden Uhren einschulen, aber sie waren in der Regulierung der komplizierten Uhrenmechanik überfordert. Daher ordnete der Kaiser an, dass Ricci selbst als Kenner der Geheimnisse der Uhrwerke viermal im Jahr die Glocken-Zeitmesser überprüfen und überholen sollte. Das verschaffte ihm eine Aufenthaltsgenehmigung in der Reichshauptstadt, die das Ziel seiner Mission war. Die „Taktik" mit dem Ticktack, könnte man sagen, machte ihn in Peking unentbehrlich.

Uhrenmuseum im Kaiserpalast

Ricci, in China bald als „Meister des Abendlandes" gefeiert, kreierte einen „Europamythos" (Wenchao Li). Seine Kenntnisse erschienen revolutionär.

In der Folge haben die Jesuiten — wir erinnern uns — laufend Innovationen und technologisches, wissenschaftliches und künstlerisches Knowhow sowie jede Menge Fachliteratur aus Europa nach China exportiert. Für den Philosophen Leibniz waren die Jesuitengelehrten gleichsam ein „Handbuch des Wissens Europas".

Von München bis zur Sahara und zum Ural

Die Verdienste der Jesuitenmissionare in der chinesischen Astronomie und Kalenderberechnung sind gleichsam der rote Faden, der sich durch das vorliegende Buch zieht. Doch die gelehrten Geistlichen aus Europa brachten den Chinesen mannigfaltige Anregungen und Neuerungen in Wissenschaft, Technik und Kunst.

Landvermesser P. Fridelli war einer der Jesuitenkartografen, die den Grundstein zur modernen Geografie Chinas legten

Der Österreicher *P. Xaver Ernbert Fridelli* (1673-1743) aus Linz beispielsweise, 1705 in China angekommen, gehörte auf Grund seiner überragenden Fähigkeiten als Landkartenzeichner dem Jesuiten-Team an, das Kaiser Kangxi beauftragt hatte, das chinesische Riesenreich zu vermessen: ein wahrlich gigantisches Unternehmen.

Der gebildete Kaiser Kangxi, dessen Regierungszeit in der chinesischen Geschichtsschreibung als „glorreiches Zeitalter" gerühmt wird, war ein großer Förderer der Wissenschaft und der Kunst. Die Chinesen verstanden es damals noch nicht, exakte Landkarten auf mathematischem und astronomischem Weg zu erstellen.

Vom Drachenkaiser berufen, durchquerte also Fridelli mit seinen Mitarbeitern forschend das unermesslich große Kaiserreich von Süden nach Norden, um eine Landkarte des chinesischen Reiches herzustellen. Er hat 9 (!) der 18 chinesischen Provinzen vermessen, vom 70. bis zum 140. östlichen Längengrad und vom 55. bis zum 22. nördlichen Breitengrad, Landstriche durchstreifend, die noch kein Europäer je betreten hatte. Das Gebiet, das er vermessen hat, entspricht der Nord-Süd-Entfernung von München bis in die Sahara und der Ost-West-Entfernung von München bis an den Ural.

Die zurückgelegten Kilometer, Tausende und Abertausende, zehrten seine Gesundheit auf. Er kehrte ausgemergelt und an Lungenschwindsucht erkrankt in die Hauptstadt zurück.

1717 konnten die Jesuiten mit Fridelli nach zehnjähriger epochemachender Kartenaufnahme die

Teilkarten zum Allgemeinen Reichsatlas zusammenfügen. Noch im Dezember wurde das fertige Atlaswerk mit 28 Blättern dem Kaiser überreicht. Zwischen 1717 und 1931 erschienen in China 14 Auflagen des Jesuitenatlas.

Gegen Ende seines Lebens war Fridelli noch etliche Jahre in der Seelsorge als Rektor der ersten Kirche in Peking — der Nantang (= Südkirche) — tätig, die wir schon als Gründung von P. Schall kennengelernt haben. Fridelli konnte als Priester kaiserliche Prinzen und viele der Vornehmsten taufen.

Für die Weltgeschichte ist und bleibt der Juristensohn aus Linz an der Donau aber der Mit-Schöpfer eines Meisterwerkes: der Reichskarten Chinas, die den Grundstein zur modernen Geografie Chinas gelegt haben.

Der berühmte Asienforscher Ferdinand von Richthofen urteilte über die Glanzleistung Fridellis und seiner Mitbrüder: „Der Jesuitenatlas kann als ein Meisterwerk bezeichnet werden, denn noch nie wurde in so kurzer Zeit ein ähnliches gewaltiges kartographisches Werk geschaffen, das dann durch zwei Jahrhunderte seine Geltung behielt."

Fridellis Grabtafel ist auf dem Zhalan-Friedhof zu finden.

Eine Inschrift auf einer anderen Grabtafel der Zhalan-Ruhestätte lautet: *Giuseppe Castiglione* alias *Lang Shining*. Hinter diesem italienischen bzw. chinesischen Namen verbirgt sich ein tonangebender Künstler. Der Jesuit Castiglione (1688-1766) aus Mailand revolutionierte die chinesische Malerei: es gelang ihm eine bis heute faszinierende Verschmelzung europäischer Maltechnik mit chinesischer Ästhetik. Seine Gemälde — häufig Stillleben, Porträts, Pferde, Hunde, Vögel und Blumen — zählen zu den kostbarsten Schätzen des Palastmuseums in der Verbotenen Stadt. Er malte aber nicht nur Bilder für den Kaiser, darüber hinaus lehrte er die chinesischen Hofmaler die europäische Maltechnik, u.a. die Perspektive und die Ölmalerei.

Gemälde des Hofmalers Castiglione

Castiglione war der bekannteste und am meisten geschätzte unter den Jesuiten-Hofmalern der Kaiser Kangxi, Yongzheng und besonders Qianlong.

Obendrein war er Architekt, der im Auftrag des Kaisers Qianlong im Garten der Leuchtenden Vollkommenheit (Yuanming yuan) im alten Sommerpalast europäische Bauten im Barockstil schuf.

Kaiser Qianlong persönlich verfasste die Grabinschrift, als Castiglione, der Maler und Architekt mit dem chinesischen Beamtentitel „Mandarin des 3. Ranges", 1766 in Peking starb. Er ernannte ihn posthum zum Vizeminister. Für ein würdiges Begräbnis stiftete der Kaiser 300 Tael Silber aus der Staatskasse.

Sein Leben wurde in China schon verfilmt.

Halten wir auf dem Zhalan-Friedhof inne bei der Grabtafel: *Franz Stadlin* (1658-1740). Welches Schicksal verbirgt sich dahinter? Die Grabinschrift verrät: „Er war geschickt und unermüdlich in der Kunst der Automatik" (gemeint ist die Uhrmacherkunst). Als Schweizer, der in seiner Heimat das Uhrmacherhandwerk gelernt und als wandernder Geselle seine Fähigkeiten in Ulm, Wien, Prag, Danzig, Königsberg, Dresden und Berlin vervollkommnet hat, trat Franz Stadlin 1687 als Bruder in den Jesuitenorden ein. 1707 nach Peking entsandt, erstaunte er Kaiser Kangxi als Uhr- und Instrumentenmacher und avancierte zum Kaiserlichen Hofuhrmacher, der die kaiserliche Werkstatt für Uhren und astronomische Instrumente begründete und die Hofeunuchen in die Uhrmacherkunst einführte.

33 Jahre wirkte der einfache und zuverlässige Jesuitenbruder unter dem chinesischen Namen *Lin Yu-Tsiang* in Peking. Allmählich verlernte er größtenteils seine Muttersprache, ohne jemals flüssig Portugiesisch oder Chinesisch zu beherrschen. Er verständigte sich daher mit einer Mixtur aus Deutsch, Chinesisch und Portugiesisch.

Der Mann, der die Schweizer Uhrmacherkunst nach China brachte, war allseits beliebt und angesehen. Sein Ordensoberer, P. Augustin von Hallerstein, urteilte: „Sein unermatteter Fleiß, den er zur Erfindung und Verfertigung verschiedener Gattungen seiner Kunst-Stücke beständig angewendet, seine findige Geschicklichkeit, mit der er die seltsamen Kunstgriffe fremder ihm vorgelegter Uhrenwerke ohne vieles Nachdenken entdeckt, die leichte Fertigkeit, mit welcher er, was ihm immer Kunstreiches vor die Augen kam, glücklich nachgearbeitet, haben ihm bei Hof, besonders bei dem großen Kayser Kamhi (Kangxi), eine gar günstige Zuneigung erworben.“

Seine Beisetzung — er starb im hohen Alter von 82 Jahren — war ein gesellschaftlich hochrangiges Ereignis in Peking. Kangxis Nachfolger, Kaiser Qianlong, finanzierte ihm ein würdiges aufwendiges Begräbnis durch eine Spende von 200 Unzen Silber und 10 großen Ballen Seide.

Diplomaten und Dolmetscher waren andere Rollen, die die Jesuiten im Drachenreich spielten.

Der französische Jesuit *Jean-Francois Gerbillon* (1654-1707) — sein chinesischer Name: *Zhang Cheng* — war ab 1688 ein Lehrer des Kaisers Kangxi, der

ihn wiederholt mit diplomatischen Missionen be-
traute. Er begleitete den Kaiser auf acht Reisen in die
Tartarei.

*Nach dem französischen Jesuitengelehrten Gerbillon ist in
Paris eine Straße benannt*

Im Grenzstreit zwischen den Großreichen China
und Russland war Pater Gerbillon Diplomat und
Dolmetscher im Dienst des Drachenkaisers bzw. des
Mandschu-Fürsten Songgotu, der im Namen des Kaisers die chinesische Delegation leitete. Die Verhandlungen führten 1689 zum Vertrag von Nerchinsk, der
den Grenzverlauf neu festlegte und Frieden schuf.

Pater Gerbillon heilte den Kaiser nach westlicher
Rezeptur von einem tückischen Fieber und übersetzte in dessen Auftrag westliches Wissen über Heilmit-
tel in die Mandschu-Sprache. Jean-Francois Gerbillon
selbst starb schon mit 53 Jahren. Begraben wurde er
zwar im Zhalan-Friedhof, später wurden seine sterb-
lichen Überreste aber in einen anderen Friedhof um-
gebettet.

Neben dem französischen Jesuiten Jean-Francois Gerbillon war der portugiesische Jesuit Tomas Pereira bei den Friedensverhandlungen von Nerchinsk erfolgreicher Vermittler als Diplomat und Dolmetscher des Kaisers von China.

Tomas Pereira S.J., Hofmusiker (Büste in Portugal)

Tomas Pereira (1645-1708): seinen Grabstein finden wir auf dem Zhalan-Friedhof nicht, obwohl der Portugiese hier begraben wurde. Doch beim Boxeraufstand zu Beginn des 20. Jahrhunderts ging seine Grabtafel verloren.

Tomas Pereira (chinesischer Name: *Xu Risheng*) war am chinesischen Kaiserhof aber nicht in erster Linie Diplomat und Dolmetscher, sondern Musiker: der Musiker schlechthin.

Kaiser Kangxi konnte nicht fassen, dass der Jesuitenmusiker Töne und Melodien, die er nur einmal hörte, sofort mühelos auf seinem Klavicymbal (Kielflügel) — einem Vorläufer des Klaviers — reproduzieren konnte.

Pereira, dem das „absolute Gehör" nachgesagt wurde, führte in China die europäische Musik ein, die er seit 1673 am Pekinger Hof praktizierte und lehrte. Durch ihn lernten die Chinesen die Orgel kennen.

Pereira verfasste die erste Abhandlung über europäische Musik auf Chinesisch, die 1713 publiziert wurde: „Lülü Zhengyi Xubian".

Die „Feder" als Schlüssel

Das „Schriftenapostolat" war im gebildeten China der direkte Weg zum Herzen. Das erkannte schon Matteo Ricci.

Ricci brachte 1602 in China eine aufsehenerregende erste chinesische Weltkarte heraus, alle geografischen Namen hatte er in chinesischen Schriftzeichen wiedergegeben. Riccis Weltkarte, die auf dem aktuellen europäischen Stand war, verbesserte die Geografiekenntnisse der Chinesen erheblich. Sie vermittelte ihnen — die in ihrer „Erdkunde" den „Rest der Welt" nur am Rande wahrnahmen — eine neue Weltsicht: sie waren nur Teil einer viel größeren Welt.

In der europäischen Kartografie war es üblich, Europa in der Mitte der Welt darzustellen, Ricci machte in der chinesischen Weltkarte natürlich das Zugeständnis, China in die Mitte zu stellen, entsprechend dem Selbstverständnis der Chinesen vom „Reich der Mitte" (Zhongguo).

Schon 1591 hatte Ricci das abendländische klassische Lehrbuch der Arithmetik und Geometrie — „Die Elemente" von Euklid — ins Chinesische übersetzt, um der akademischen Elite die europäische Mathematik zugänglich zu machen.

Riccis missionarisches Hauptwerk, 1603 erschienen, war „Die wahre Lehre vom Herrn des Himmels" (Tianzhu Shiyi), eine in chinesisches Gewand gekleidete christliche Philosophie, die die Neugier der Nichtchristen für die unbekannte Religion des Himmelsherrn (das Christentum) wecken sollte.

Ein Bestseller in der späten Ming-Epoche wurde Riccis 1595 erschienenes Buch „Über die Freundschaft" (Jiaoyou lun), lateinisch Amicitia.

„Diese Amicitia", schrieb er in einem Brief über sein Kultbuch, „hat mir selbst und Europa mehr Ehre eingebracht als alles andere, das wir getan haben. Die anderen Dinge verleihen uns den Ruf, Erfindungsgeist zur Herstellung von mechanischen Kunstwerken und Instrumenten zu besitzen, doch diese Abhandlung hat unser Ansehen als Gelehrte von Begabung und Tugend begründet, und so wird sie mit lebhaftem Beifall gelesen und aufgenommen."

Die „Feder" war im „Literatenreich" China der Schlüssel zu Geist und Seele der Menschen. Daher verfassten die Jesuitengelehrten in der Nachfolge P. Riccis hunderte Werke in chinesischer Sprache, um den Chinesen europäische Wissenschaft, Kultur und Religion zu übermitteln.

Bekannt sind 120 Bücher über westliche Wissenschaften und 470 über religiöse bzw. theologische Themen.

In der Regel schrieben sie ihre im Holztafeldruck hergestellten Bücher unter Mitwirkung befreundeter chinesischer Akademiker, die für den sprachlichen Schliff sorgten.

Der berühmte Gelehrte P. Johann Schreck (= Terrenz), Schalls Vorläufer als Kalenderreformator, schrieb mit Hilfe seines chinesischen Schülers, des kaiserlichen Beamten Wang Zheng, das erste chinesische Lehrbuch des Maschinenbaus und der Mechanik: „Die wunderbaren Maschinen des fernen Westens in Wort und Bild" („Yuanxi qi qi tushuo").

Das Werk ist eine Zusammenfassung von acht europäischen Maschinenbau-Schriften, das den Chinesen die Grundgesetze der Mechanik und speziell die Geheimnisse der europäischen Sägewerke und Mühlen, Wasserpumpen und Feuerlöschgeräte, Hebel und Waagen oder Zug-, Schöpf- und Fördergeräte eröffnete.

Chinesischer Akademiker beim Schreiben. Gelehrte halfen den Missionaren bei der Niederschrift und beim Feinschliff ihrer Bücher

Kaiser Qianlong ließ zwischen 1773 und 1782 von 361 Wissenschaftlern die kaiserliche Literatursammlung „Siku Quanshu"(= Vollständige Bibliothek der Vier Schätze") erstellen. Das ist die umfangreichste Enzyklopädie der bedeutendsten Werke der chinesischen Literatur — bestehend aus 3461 Büchern. Die Komplette Bibliothek, von Historikern als das ehrgeizigste redaktionelle Unternehmen der Weltgeschichte herausgestellt, umfasst die Klassischen Texte sowie die Hauptwerke der Geographie, Geschichte, Naturwissenschaft, Philosophie, Kunst und Dichtung.

Wie sehr die Bücher der europäischen Jesuiten zum Kern des chinesischen Kulturgutes gehören, lässt sich daran ermessen, dass nicht weniger als 36 Bücher der Jesuiten in diese Kollektion der markantesten chinesischen Schriften aufgenommen wurden.

Zu den herausragenden Werken der chinesischen Jesuitenliteratur zählt neben Riccis „Die Elemente" von Euklid (Jihe Yuhanben) das bahnbrechende Werk „Chongzhen Lishu", eine Sammlung von 100 astronomischen und mathematischen Schriften, die die auf Kopernikus, Kepler, Galilei und Co. fußende moderne westliche Astronomie im alten China einführte und als Grundlage für die chinesische Kalenderreform diente. Ein internationales Symposium unserer Tage hob hervor, dass Chongzhen Lishu eine größere Rolle in der Entwicklung der chinesischen Astronomie gespielt habe als jedes andere ins Chinesische übersetzte westliche naturwissenschaftliche Werk. Verfasst wurde Chongzhen Lishu („Das Astronomische Kompendium der Chongzhen Regierung")

1634 von Adam Schall, der Schlüsselfigur der Erneuerung der chinesischen Sternkunde, in Zusammenarbeit mit den chinesischen Gelehrten Xu Guangqi, Li Zhizao, Li Tianjing und seinen Ordensmitbrüdern Niccolo Longobardi, Johann Schreck (Terrenz) und Jakob Rho.

Bezaubert vom Drachenreich

In Europa entfachten die Briefe und Berichte der Jesuiten, die in der Regel die schönen Seiten des Reichs der Mitte zeigten, eine Chinabegeisterung, die zuweilen in bizarre Chinavernarrtheit ausartete.

Der erste Aufsehen und Staunen erregende Bericht über das noch verschlossene China, das jeden Fremden als Spion verdächtigte, erschien 1615 in Augsburg: eine 1609/1610 in Peking verfasste Schilderung der Chinaexpedition Matteo Riccis* mit präzisen landeskundlichen und zeitgeschichtlichen Informationen.

---

* „De Christiana expeditione apud Sinas suscepta ab Societate Jesu", Augsburg 1615. Eine deutsche Übersetzung folgte: „Historia von der Einführung der christlichen Religion in das große Königreich China durch die Societet Jesu", Augsburg 1617.
Das Buch beruht auf den tagebuchartigen Aufzeichnungen Riccis in seiner Muttersprache Italienisch. Der belgische Chinamissionar Niklaas Trigault hat Riccis Bericht mit Ergänzungen ins Lateinische übersetzt.

Bisher schöpften die Europäer ihre Chinakenntnisse vor allem aus den vagen Fabeln des venezianischen Chinareisenden Marco Polo im 13. Jahrhundert.

Durch Matteo Ricci, der 27 Jahre im Reich der Mitte gelebt hat und in der chinesischen Kultur und Sprache verwurzelt war, erhielten sie zum ersten Mal exakte Kenntnisse über Geographie, Geschichte, Politik, Verwaltung, Erziehung, Umgangsformen, Gewohnheiten, Philosophie und Religion in China. Die Ricci-„Memoiren" leuchteten die Weltanschauung der Chinesen bis in die hintersten Winkel aus und erhellten die Alchimie (im Dienste der Lebensverlängerung bzw. Unsterblichkeit sowie der Umwandlung von Quecksilber in Silber) ebenso wie die Wahrsagerei, die Handlesekunst, die Astrologie und die Geomantie (Fengshui).

Es ist liegt also auf der Hand, dass das erste Expertenbuch über das rätselhafte Kaiserreich des Drachen im Europa des 17. Jahrhunderts höchst populär wurde: es erschienen nacheinander wenigstens 16 Ausgaben des „Tagebuchs" von Ricci in verschiedenen europäischen Sprachen — auf Portugiesisch, Französisch, Deutsch, Spanisch, Italienisch.

Schon 1655 überraschte Martino Martini (chinescher Name: *Wei Kuangguo*), Jesuit aus Südtirol, die Europäer mit der ersten vollständigen Karte des chinesischen Reiches und seiner 15 Provinzen: dem *„Novus Atlas Sinensis"*, der die genaue geografische Länge und Breite der Orte angab und die Landesteile auf 171 Textseiten beschrieb.

Martino Martini, Kartograf des chinesischen Reiches

Als „Meilenstein" in der europäischen China-Kunde gerühmt wird das Werk „*China illustrata*" des deutschen Jesuiten Athanasius Kircher (1602-1680), das 1667 in Amsterdam erschien. Es war das beliebteste Chinabuch im 17. und 18. Jahrhundert — gleichsam ein Bestseller seiner Zeit. Der überragende Universalgelehrte und Forscher Kircher aus Hessen — „Meister der 100 Künste" oder „Wissensriese des 17. Jahrhunderts" genannt — gilt als Vorläufer der akademischen Sinologie (= Wissenschaft von Kultur und Geschichte Chinas).

Athanasius Kircher (1602-1680) fasste 1667 alle aus den Jesuitenarchiven und schriftlichen wie mündlichen Missionarsberichten geschöpften Vorstellungen und Informationen über die exotische Wunderwelt Chinas in seinem einflussreichen Hauptwerk „China illustrata" zusammen.

Sein „China illustrata" besticht durch die breitgefächerte Themenfülle (Glaubensvorstellungen, Literatur, Schrift, Politik, Erfindungen, Kalenderwesen, Architektur, Pflanzen- und Tierwelt etc.) und durch die prachtvollen Abbildungen (60 Kupferstiche).

Kirchers begeisterndes „China illustrata" wurde zu einer Inspirationsquelle für das europäische Geistes- und Gesellschaftsleben.

Kircher war übrigens der Erste, der Adam Schall und seine Kalenderreform der Öffentlichkeit bekannt gemacht hat. Ein zugefügtes Porträt Schalls zeigt den Hofastronom im Ornat eines chinesischen Mandarins erster Klasse, umgeben von astronomischen und mathematischen Instrumenten, einer Weltkarte und Büchern.

Das Konfuzius-Buch von Couplet und Co.

Einen Zugang zur „Weisheit" Chinas erschloss besonders das Werk „Confucius Sinarum philosophus, sive scientia Sinsensis latine exposita..." (*„Konfuzius, der Philosoph der Chinesen, oder die chinesische Weisheit in lateinischer Sprache dargelegt"*).

Das 1687 in Paris publizierte Prachtwerk „Konfuzius, der Philosoph der Chinesen..." entstand in Zusammenarbeit mehrerer Jesuiten — federführend war der Belgier P. Philippe Couplet (1623-1693). Die übersetzten Konfuzius-Bücher zogen die europäischen Geistesgrößen in den Bann.

Damals entwickelte sich in Europa die allein vernunftorientierte geistesgeschichtliche Bewegung der Aufklärung, der in ihrer kirchenskeptischen Haltung die Konfuzius-Philosophie gelegen kam, weil sie zu beweisen schien, dass es durchaus nicht des Christentums bedurfte, um in Gesellschaft und Familie an der Moral festzuhalten. Das war nicht gerade im Sinn der Jesuiten, die gerne die „natürliche" Moral der Chinesen in der konfuzianischen Gesellschaft rühmten.

In Deutschland war es u. a. der Aufklärer Christian Wolff (1679-1754), Philosoph und Mathematiker, der in Anlehnung an die konfuzianische Philosophie und die „natürliche" Tugend und Humanität der Chinesen lehrte, dass die menschliche Vernunft — unabhängig von der christlichen Offenbarung, also trotz Unkenntnis des Evangeliums — Gut und Böse unterscheiden kann.

Der Gipfel in der europäischen Chinakunde des 18. Jahrhunderts war das Werk des französischen Jesuitenhistorikers Jean Baptiste du Halde: *„Ausführ-*

liche Beschreibung des chinesischen Reiches und der großen Tartarey". Du Halde (1674-1743), seit 1708 Jesuit, sammelte die Reports seiner Ordensbrüder aus China und fasste sie in einem umfangreichen — vierbändigen — Werk zusammen. Er gestaltete aus ihren Manuskripten ein grandioses Gemälde der Geschichte, Geographie, Kultur und Gesellschaft des Reiches der Mitte. Die populäre China-Enzyklopädie, elegant und humorvoll geschrieben und mit künstlerisch hochwertigen Kupferstichen und erstmalig publizierten Landkarten ausgestattet, wurde aus dem Französischen ins Englische, Deutsche und Russische übersetzt und blieb bis Ende des 19. Jahrhunderts das detailreiche Standardwerk über Politik, Wissenschaften, Arzneimittel, Künste, Hofleben, Alltag, Sitten und Zeremonien des exotischen Riesenreiches im Fernen Osten.

Das populäre Werk des auf China spezialisierten Historikers Du Halde liest sich leicht und locker.

Eine Kostprobe: „In einer langen Prozession wird die Braut in einer verschlossenen Sänfte zum Haus

---

* Französische Originalausgabe: Du Halde, Jean Baptiste: „Déscription géographique, historique, chronologique, politique, et physique de l'empire de la Chine et de la Tartarie chinoise", Paris: P.G. Le Mercier, 1735.

Deutsche Übersetzung: Johann Baptista du Halde: „Ausführliche Beschreibung des chinesischen Reiches und der großen Tartarey", Rostock, 1747.

In England erlebte das Werk zwischen 1736 und 1791 25 Auflagen.

des Bräutigams gebracht", schildert nicht ohne Ironie ein Bericht über eine chinesische Hochzeit: „Der prächtig gekleidete Bräutigam erwartet an seiner Tür die Braut, die man für ihn ausgewählt hat. Sobald sie angekommen ist, übergibt ihm der Diener den Schlüssel, und in gespannter Eile öffnet er die Sänfte. Erst in diesem Moment sieht er seine Braut zum ersten Mal und kann sich über sein Glück oder Pech ein Urteil bilden. Es kommt vor, dass ein mit seinem Los unzufriedener Bräutigam die Sänfte sofort wieder schließt und das Mädchen zu seinen Eltern zurückschickt. Lieber verliert er dann das Geld, das er gezahlt hat, als eine so schlechte Anschaffung zu machen ..."

Ein anderer Beitrag enthüllt die streng gehüteten Porzellanherstellungsgeheimnisse, die der französische Jesuit Francois-Xavier Dentrecolles (der von 1699 bis 1741 im Drachenreich als Yin Hongxu gewirkt hat) in Chinas alter Porzellanhauptstadt Jingdezhen „ausspioniert" hat — mit allen Einzelheiten über Material und Methode. Die technischen Informationen könnten, wie der frühe „Industriespion" mutmaßte, für Europa von Nutzen sein. Die Chinesen haben das Porzellan tausend Jahre früher als die Europäer erfunden und im 17./18. Jahrhundert erreichte das berühmte Blau-Weiß-Porzellan die höchste Qualität.

Kurz und gut: Ob Bürger oder Aristokrat, wer sich kompetent über China unterhalten wollte — sei es über Hochzeiten, Keramik, Leichenzüge, Schiffe, Damenmoden oder Ginseng —, musste sein Wissen aus der maßgeblichen Quelle des Handbuchs von Du

Halde schöpfen. Sogar Philosophen und Schriftsteller wie Voltaire (1694-1778) und Montesqieu (1689-1755) in Frankreich ließen sich von den monumentalen Bänden inspirieren, oder in Deutschland Dichterfürst Johann Wolfgang von Goethe.

Du Haldes Folianten — das gesammelte Wissen über China — waren eine Pflichtlektüre. Doch noch zahlreiche andere Schriften brachten den europäischen Chinaliebhabern das ferne Reich nahe.

Dazu zählten die berühmten und einflussreichen *„Lettres édifiantes et curieuses“*, ausgewählte Briefe aus der Korrespondenz der Jesuitenmissionare, die regelmäßig aus aller Welt Rechenschaftsberichte über ihre Tätigkeit an die Ordensleitung sandten. Ein rundes Drittel davon bezog sich auf China. Der erste Herausgeber der Lettres war Charles Le Gobien, Sekretär der Chinamission in Paris.

Von 1702 bis 1776 wuchs die Serie der „Lettres édifiantes et curieuses“ — die eigentlich informative und ungewöhnliche Reportagen waren — auf 34 Bände an: eine Fundgrube für Chinas Kulturgeschichte, die das europäische intellektuelle und künstlerische Leben befruchtete.

Die deutsche Ausgabe erschien, vom Jesuiten Joseph Stöcklein herausgegeben, ab 1728 in Augsburg, Graz und Wien unter dem Titel *„Neuer Welt-Bott“*. Stöckleins Sammelwerk ist aber nicht bloß eine Übersetzung der „Lettres édifiantes“, sondern enthält eigenständige Ergänzungen mit wertvollen völkerkundlichen und missionsgeschichtlichen Berichten.

Ab 1685 sandte König Ludwig XIV. französische Jesuiten, königliche Mathematiker und Mitglieder der französischen Akademie der Wissenschaften, an den Kaiserhof Kangxis mit dem Mandat, den breiten Informationsfluss zwischen Europa und China aufrechtzuerhalten und die kulturelle Verständigung zu betreiben.

Im Dienste Chinas widmeten sie sich der großangelegten Kartographierung des Reichs der Mitte. Im Dienste Frankreichs bzw. Europas sandten sie mehrere hundert chinesische Bücher nach Paris, deren Katalogisierung bis 1716 abgeschlossen war. So entstand die erste sinologische Bibliothek in Europa, die den Fundus der Chinaforschung im Westen schuf.

Eine wahre Informationsflut ergoss sich aus den Federn der Jesuitenmissionare über Europa.

Die Berichterstatter aus der Gesellschaft Jesu hatten vorwiegend das China der Gebildeten und Vornehmen im Auge, und sie waren dem Land zugetan, sodass sie alles in allem ein idealisiertes Bild zeichneten, das die Schatten abschwächte.

Das China der Jesuitenliteratur war ein blühendes, im Geist des Konfuzianismus nach Harmonie strebendes Reich, zwar despotisch regiert, aber der Kaiser wie seine Untertanen waren dem Naturrecht und einer vernunftbegründeten Moral unterworfen.

Unter den Kaisern Kangxi (1661-1722), Yongzheng (1722-1735) und Qianlong (1735-1796) erlebte China in der Tat eine Periode der Hochblüte — nach heutiger Geschichtsschreibung „die letzte der fünf großen Blütezeiten" in der 2133 Jahre langen Geschichte des Kaiserreiches. Die klassische Kultur prosperierte, die Staatsmacht war stark, die Gesellschaft friedlich, das Zusammenleben tolerant und höflich, die politische Lage stabil.

Speziell der hochgebildete Kangxi*, eine starke Persönlichkeit, förderte die Wissenschaft und die schönen Künste sowie die Landwirtschaft und den ökonomischen Wohlstand.

Eine Schüsselfigur der vom französischen Sonnenkönig nach Peking entsandten Jesuiten war Joachim Bouvet (1656-1730) — Bai Jin —, der 1697 ein schmeichelhaftes Porträt des Kaisers Kangxi publizierte, das dem europäischen Lesepublikum einen weisen, fähigen, ausgeglichenen, ausgleichenden und dem Westen gegenüber offenen Herrscher auf dem Drachenthron vorstellte: einen dem europäischen Wunschbild entsprechenden „aufgeklärten", auf das Gemeinwohl bedachten Monarchen.

Das Echo auf die gierig verschlungenen Chinaberichte der Jesuiten in Europa war stark.

Ebenbürtig, ja überlegen

In Deutschland nannte der von den „Lettres édifiantes et curieuses" begeisterte große deutsche Denker Leibniz die Jesuitenmission in China „das größte

---

* In Europa waren der französische Sonnenkönig Ludwig XIV., der russische Zar Peter der Große und der Habsburger Karl VI. als römisch deutscher Kaiser seine Zeitgenossen

Unternehmen unserer Zeit". Gottfried Wilhelm Leibniz (1646-1716) war überwältigt von der europäischen „Entdeckung" der Kulturmacht China.

Obwohl Leibniz — der Letzte der Universalgelehrten — als Philosoph, Mathematiker, Physiker, Historiker, Sprachwissenschaftler, Schriftsteller, Bibliothekar, Jurist, Diplomat und Politiker mit seinen Forschungen und Erfindungen überbürdet war, wurde die Auseinandersetzung mit der ältesten noch bestehenden Kulturnation der Erde ein Brennpunkt seines Lebens. Er widmete ihr 50 Jahre seines Lebens.

Anno 1689 traf sich Leibniz in Rom mit dem Jesuitenpater Claudio Filippo Grimaldi, einem Ingenieur und Astronomen, der als Schalls Nachfolger das mathematische Tribunal in Peking leitete. Ihn, Grimaldi — mit dem chinesischen Namen Min Mingwo —, eine wissenschaftliche Schlüsselfigur am Kaiserhof, hatte Kaiser Kangxi als Vertreter seines Hofes nach Europa gesandt. In Rom forschte und fragte ihn Leibniz in seiner unstillbaren Wissensbegierde über China aus.

Leibniz (deutsche Briefmarke)

In der Folge knüpfte Leibniz mit P. Grimaldi und mit anderen Jesuitengelehrten in China wie den Patres Antoine Verjus, Joachim Bouvet, Charles Le Gobien und Jean de Fontaney einen Briefwechsel[*] an, um aus erster Hand von Augen- und Ohrenzeugen zuverlässige Informationen über Land und Leute zu erhalten. Briefe seiner Korrespondenten aus China brauchten manchmal auf Grund der damaligen mühseligen und unsicheren Reiseverhältnisse anderthalb Jahre, ehe sie in seine Hände gelangten.

Der Briefwechsel vermittelte ihm alles in allem den Eindruck, dass China Europa ebenbürtig und gleichwertig war — in mancher Hinsicht sogar überlegen (z. B. in der „praktischen" Philosophie, sprich: in der Ethik).

Leibniz wollte seinem breiten Interesse entsprechend alles wissen und bedrängte die Jesuiten 25 Jahre lang mit bohrenden Fragen über die Höflichkeitsformen der Chinesen genauso wie über die Geheimnisse des Bergbaues, die Kultivierung des Maulbeerbaumes, die Horizontalwindmühlen, die zusammenfaltbaren Segel, die Pulsdiagnostik oder über das daoistische Unsterblichkeitselixier. Kaum ein Wissensgebiet, das er nicht anschnitt. Schwerpunkte waren die chinesische Schrift und Sprache, die Lite-

---

[*] Sein Briefwechsel mit den Jesuitenpatres in China von 1689-1714 ist 2006 in deutscher Übersetzung erschienen. Siehe Literatur/Quellen Seite 354

ratur, die Medizin, die Staatsverfassung, die konfuzianische Philosophie.

Hingerissen war er vom *„Buch der Wandlungen"* — dem *Yiqing* —, dem ältesten, noch vor Christi Geburt entstandenen klassischen Buch der Chinesen. Das Yiqing war ursprünglich ein Orakelbuch. Was Leibniz speziell als Mathematiker und Rechenkünstler am Weisheitsbuch Yiqing fesselte, waren die Begriffe Yin und Yang.

Leibniz hatte im Jahre 1679 das sogenannte „binäre Zahlensystem" (Zweiersystem) entwickelt, das Zahlen nur mit den Ziffern 1 und 0 darstellt und nicht wie das übliche Dezimalsystem mit den Ziffern 0 bis 9. Die binäre Mathematik Leibniz` ist der Wegbereiter des modernen Rechencomputers und die Basis der heutigen Datenverarbeitung und Informationstechnologie.

Im chinesischen Weisheitsbuch Yiqing stieß Leibniz auf die seinem binären Zahlensystem verwandten Begriffe Yin und Yang, die beiden polaren Grundelemente des altchinesischen Weltverständnisses.

Die chinesischen Weisen kombinierten die Zeichen von Yin (--) und Yang (—) zu Sechsergruppen (Hexagramme). Die 64 möglichen Sechsergruppen mit den durchgezogenen und geteilten Linien sind in der klassischen chinesischen Philosophie der Schlüssel zur Welterklärung, d.h. zur Erklärung aller Wandlungen in der Natur und im menschlichen Leben.

Die Hexagramme, die Leibniz durch den Jesuitenpater Bouvet, einen seiner Briefpartner am chinesischen Kaiserhof, kennengelernt hat, ließen ihn vermuten, dass schon die vorchristlichen Chinesen sein binäres Zahlensystem gekannt hatten. Die Chinesen schreiben ihr System der Hexagramme dem legendären ersten chinesischen Urkaiser Fuxi zu, der im 3. Jahrtausend vor Christus gelebt haben soll.

Leibniz nannte sich selbst „ein Adressenbüro für China". Aus der Fülle der Einsichten schöpfend, die er durch das Studium der Briefe, Berichte, Bücher und Dokumente der Jesuitenmissionare und durch persönliche Begegnungen mit ihnen gewann, schrieb Gottfried Wilhelm Leibniz das Werk *„Novissima Sinica"* = *„Neuestes aus China"* (1. Auflage 1697, 2. Auflage 1699).

Er verteidigte darin als evangelischer Christ im katholischen Ritenstreit die Jesuiten und befürwortete deren wissenschaftliche Tätigkeit und ihre Methode der kulturellen Anpassung und Toleranz.

Darüber hinaus enthüllt das China-Buch seine Vorschläge, Pläne und Visionen im „Dialog der Kulturen".

Dem schon global denkenden Leibniz schwebte als Endziel die Zusammenführung der westlichen und der chinesischen Zivilisation vor — zum Wohl und Fortschritt der Menschheit. Als erste Schritte empfahl er u. a.:

1. Die Schaffung einer „Welt-Akademie der Wissenschaften", in der europäische und chinesische Wissenschaftler zusammenarbeiten und theoretische Erkenntnisse, praktische Erfahrungen und technische Erfindungen und Errungenschaften austauschen.

Von der Synthese der zwei höchsten polaren Kulturen und am meisten fortgeschrittenen Zivilisationen versprach sich Leibniz eine Verbesserung des Menschengeschlechts.

2. Die Entsendung chinesischer humanistischer Missionare und Kulturapostel nach Europa, die den westlichen Menschen die chinesische Philosophie und vernunftgemäße Lebensweise erläutern sollen. Denn die konfuzianischen Tugenden und Verhaltensregeln sind eine ideale Basis für eine harmonische Gesellschaft.

3. Die Einführung einer Weltsprache, wobei Leibniz die chinesische Sprache für geeignet hielt, als Weltsprache gewählt zu werden. Die Jesuitengelehrten ermunterte er, zur Erstellung einer „Clavis Sinica" beizutragen. Gemeint ist ein „Schlüssel" (lat. clavis), der das Erlernen und Beherrschen der chinesischen Schrift erleichtert.

Ob Leibniz, der die chinesische Sprache für globalisierungstauglich hielt, seinerzeit schon ahnte, was die Hirnforscher und Neurowissenschaftler heute auf Grund von Experimenten wissen: dass das Erlernen der chinesischen Bildsymbol-Sprache im Vergleich zum Erlernen einer alphabetischen Sprache zusätzliche mentale Fähigkeiten bewirkt? Das Einüben der Ideogramme (Begriffsschrift) fördert die kindliche Leistungsbereitschaft und die lebenslange geistige Fitness.

4. Als Lutheraner lag es Leibniz am Herzen, in China neben den katholischen Missionaren protestantische Glaubensboten zur Bekanntmachung des Christentums einzusetzen.

Großes Aufsehen erregte der Chinese Jin Fo Cum, der im Jahre 1684 mit dem Missionsprokurator der Jesuiten Europa besuchte und vom französischen König sowie vom Papst im Rom empfangen wurde. Der auf den Namen Michael getaufte Chinese war ein Katholik der zweiten Generation

Er war — wie die Jesuiten, die die Akkommodation praktizierten — überzeugt, dass Christentum und Konfuzianismus einander nicht widersprechen. In seinem unvollendeten Werk „Die Natürliche Theologie bei den Chinesen" untersuchte Leibniz die Grundbegriffe des Konfuzianismus und er kam zu dem Schluss, dass der konfuzianische „Herr des Himmels" (Shangdi) nicht als Weltseele im Sinne des Pantheismus zu verstehen ist und dass den konfuzianischen Gottesbegriff daher keine unüberbrückbare Kluft vom christlichen Gottesbegriff trennt.

2008 hat übrigens die UNESCO Leibniz` Werk „Novissima Sinica" und seinen Briefwechsel in das „Weltdokumentenerbe" (= „Gedächtnis der Welt") eingereiht.

Neu entdeckt wurde Leibniz in der Volksrepublik China: als Wegbereiter des Dialogs, der dem Westen ein positives Chinabild vermittelt hat. 2005 wurde „Novissima Sinica" — aus dem Lateinischen übersetzt — in chinesischer Sprache veröffentlicht! Das bot den Anlass, dass sich die Leibnizforscher aus aller Welt in Peking zu einer internationalen Leibniz-Konferenz versammelten, um Austausch und Zusammenarbeit zu pflegen.

Die Brücke, die Leibniz, der konkurrenzlose universale Geist seiner Zeit, im 17. und 18. Jahrhundert mit Hilfe der Jesuitenmissionare nach China gebaut hat, überlebte also den Wandel der Zeiten vom Kaiserreich zur Volksrepublik und ist tragfähig noch im 21. Jahrhundert.

Neben der Philosophie war es die Gesellschaftslehre, die glaubte, von China Nutzen ziehen zu können. Eine Gesellschaft wie die europäische, in der der Individualismus überbordete, blickte neugierig und neidisch auf ein Reich, in dem alle das Gemeinwohl anzustreben schienen. Und was besonders die Intellektuellen und die Bildungsbürger Europas staunen ließ, war die Rolle der sogenannten „Literaten" — der Studierten — im Reich der Mitte. Die Beamten und Funktionäre des Staates verdankten ihre Berufung auf leitende Posten nicht etwa ihrem Geburtsprivileg oder der Protektion, sondern ihrem Erfolg bei den strengen akademischen Prüfungen. In China herrschte, wie es schien, der Adel der Bildung — und nicht der Erbadel.

Leibniz ist in Deutschland das Paradebeispiel für eine engagierte Chinabegeisterung, aber die Chinamode lag in der Luft und die Dichter und Denker in deutschen Landen konnten nicht umhin, sich mit China auseinanderzusetzen.

Dichterfürst Goethe beispielsweise entwickelte keine Leidenschaft für China, wohl aber — was bei seiner Vielseitigkeit nicht verwunderlich ist — ein Interesse, das sich nicht darin erschöpfte, dass er einen mit einem Goldchinesen mit Sonnenschirm dekorierten Meißner Schokoladenbecher besaß oder an der Gestaltung des chinesisch inspirierten Landschaftsparks mitwirkte, den Herzog Carl August von Weimar an der Ilm errichten ließ.

Goethe studierte Martinis China-Atlas, las Du Haldes berühmten Sammelband „Déscription..." („Ausführliche Beschreibung...") und übte chinesische Schriftzeichen. Er vertiefte sich in den Bibliotheken von Jena und Weimar in englische, französische und deutsche Übersetzungen philosophischer und literarischer Werke — Romane, Novellen, Dramen, Gedichte.

Alles in allem bewunderte er die „Leichtigkeit" in der chinesischen Literatur, Kunst und Lebensweise. In einem Gespräch mit Eckermann im Jahre 1827 hob er hervor, dass ihm die chinesische Literatur den Eindruck vermittle, dass bei den Chinesen „alles klarer, reinlicher und sittlicher zugeht".

Im Goethe-Jahrbuch 30 (1968) urteilt der Experte Hideo Fukuda:

„Nur unbedeutende Werke in häufig schlechten Übersetzungen lagen Goethe vor. Umso bemerkenswerter ist es, wie er mit richtiger Ahnung die wesentlichen Züge der chinesischen Dichtung herausfühlte und den chinesischen Geist gebührend erfasste. Denn er hat jenen dichterischen Scharfsinn, der Raum und Zeit überwindet, und fühlt eine innere Verwandtschaft mit dem chinesischen Wesen. In der Tat hat ihn das Fremde im fernen Asien zu eigenem Schaffen angeregt."

Im Spätwerk Goethes ist der Chinabezug unübersehbar. 1827 z. B. verfasste er in seinem Gartenhaus an der Ilm südlich von Weimar seinen letzten Gedichtzyklus „Chinesisch-deutsche Jahres- und Tageszeiten", der sein Leben im Einklang mit der Natur bezeugt.

Die Beschäftigung mit chinesischer Literatur war für Goethe ein Impuls, eine dünkelhafte Verengung der Dichtkunst auf *National*literatur ausdrücklich abzulehnen und für *Welt*literatur einzutreten.

Nadeln, Allheilwurzel und Puls

Wundersam erschien den Europäern, was sie über die Medizin Chinas erfuhren, z. B. über das Heilverfahren, Nadeln in die Haut zu stechen.

Die Jesuiten prägten für die Nadelstecherei den lateinischen Namen Akupunktur.

Hochnäsige Äskulapjünger in Europa mokierten sich über die einfältige Methode, aber ein von den spektakulären Heilungen bei choleraartigen Durchfallerkrankungen begeisterter Jesuitenpater erwiderte den europäischen akademischen Kritikern sarkastisch, es sei eigentlich besser, einfältig geheilt, als wissenschaftlich getötet zu werden.

Die chinesische Experimentalmedizin hatte im Lauf der Jahrtausende die Erfahrung gemacht, dass die Lebensenergie, Qi genannt, in einem Netz von Energieleitbahnen im Körper kreist. Auf den Leitbahnen der Lebensenergie liegen an der Körperoberfläche Reizpunkte, durch deren Nadelung der Energiefluss reguliert werden kann: entweder angeregt, gedämpft oder harmonisiert — je nach Art der Beschwerden.

Für die abendländische Medizin eine seltsame und unverständliche Vorstellung.

Ob ihrer wunderbaren Wirkung kam die fremdartige Akupunktur, die die gelehrten Jesuiten schon im 17. Jahrhundert in großen Zügen beschrieben, an europäischen Fürstenhöfen sogar eine Zeitlang in Mode. Anderseits wurde die Nadelbehandlung, wie gesagt, von doktrinären Medizinkreisen als Scharlatanerie verhöhnt.

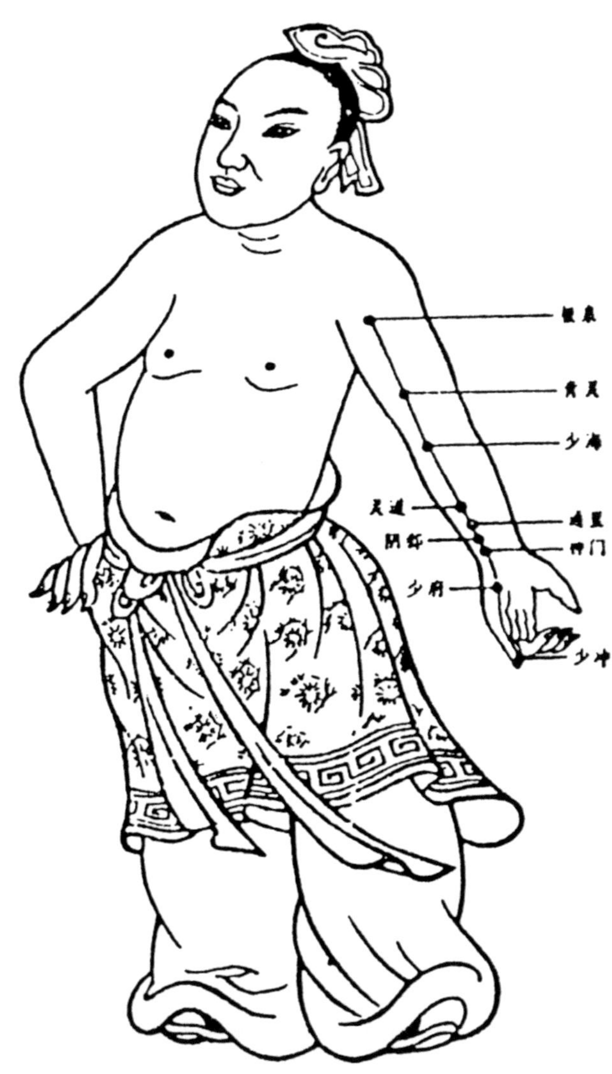

Akupunktur: Reizpunkte des Herzmeridians

Die medizinwissenschaftlichen Kreise horchten auf, als der französische Jesuitenpater Pierre Jartoux 1711 in einem Bericht an die Royal Society in London die unglaubliche Steigerung der Lebenskraft durch eine Wurzel schilderte, die in China als „Oberhaupt der Pflanzen" galt.

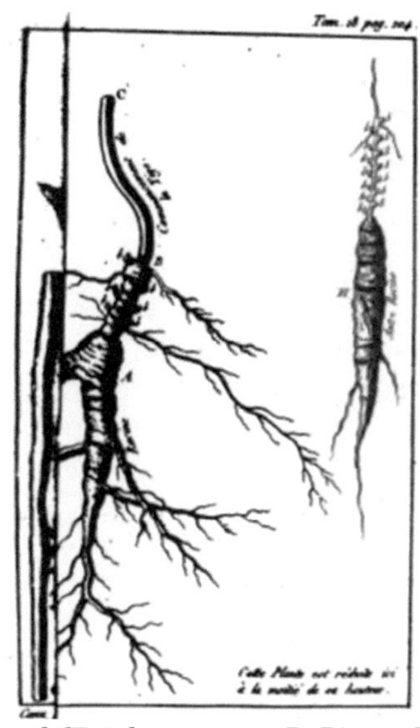

Ginsengwurzel (Zeichnung von P. Pierre Jartoux S.J.)

P. Jartoux, Mathematiker und Geograph, gehörte dem Team der Wissenschaftler an, die im Auftrag des Kaisers Kangxi eine Karte von China anfertigten. Er selbst war mit der Kartographierung des Nordostens betraut. Eines Tages im Jahre 1709 brach er nach einem langen Ritt erschöpft zusammen. Der chinesische Reiseführer bot ihm ein Stückchen Ginsengwurzel zum Kauen an. Eine Stunde später war der Kräfteverfall des Jesuiten überwunden. Energie, Heiterkeit und Appetit kehrten zurück. Er konnte erfrischt die Expedition fortsetzen, allerdings noch zweifelnd, ob er tatsächlich der Wurzel die Stärkung und Tatkraft zu verdanken hatte. Doch seine Neugier war geweckt.

Unterwegs hatte er noch die Möglichkeit, im Changbai-Gebirge im Grenzland zwischen dem Kaiserreich China und dem Königreich Korea bei einer Ginseng-Ernte dabei zu sein. Das Geheimnis Ginseng ließ seinen Forschergeist nicht mehr los. Er selbst testete noch mehrmals die belebende Wurzel bei allen möglichen Beschwerden — mit gleichbleibendem frappantem Erfolg.

So geliebt und gelobt die Heilpflanze in China war, für das gewöhnliche Volk war die kostbare Wurzel unerschwinglich, sie wurde nur wohlhabenden Kranken verordnet.

Seine Nachforschungen über Wirkung, Vorkommen, Ausgrabung, Aufbewahrung, Zubereitung etc. der Ginsengwurzel beschrieb P. Jartoux in den ersten authentischen Berichten für die europäische Wissenschaft. Das waren bei weitem die genauesten Informationen über die rare und teure Allheilwurzel, dem Symbol für ein langes Leben. Bis dahin hatte Europa nur vage Vorstellungen von der berühmtesten Pflanze des Fernen Ostens aus den halb sagenhaften Berichten des mittelalterlichen Chinareisenden Marco Polo.

Jartoux` Veröffentlichung in der Royal Society, der britischen Gelehrtengesellschaft zur Wissenschaftspflege, gab seinem Report eine akademische Weihe.

Das führte dazu, dass besonders im europäischen Hochadel Abspannung und Indisposition gerne mit dem stimulierenden und vitalitätssteigernden Ginseng bekämpft wurde. Das exotische Wurzelwunder aus dem Reich der Mitte war auf einmal hoch begehrt.

Viel Unbekanntes und Ungewohntes bot die chinesische Medizin, die die gelehrten Ordensmänner im Ursprungsland kennengelernt und in ihrer Heimat Europa bekanntgemacht haben.

Auf geheimnisvolle Weise faszinierend war die Kunst chinesischer Heilkundiger, aus dem Pulsschlag bestehende oder sich anbahnende gesundheitliche Störungen zu erkennen.

Der deutsche Jesuit P. Johannes Schreck (Terrenz) mit dem Beinamen „Kopernikus der Verbotenen Stadt" — den wir schon als Schüler und Freund von Galileo Galilei in Rom und als Vorgänger von P. Adam Schall in der Kalenderreform sowie bei anderen Gelegenheiten kennengelernt haben — war selber ein prominenter Arzt. Er rühmte das Geschick des Pulstastens der chinesischen Ärzte 1621 in einem Brief an seinen Freund Johannes Faber, einem Apotheker in Rom: „(Die Ärzte) selbst sind Empiriker und haben keinerlei Ahnung von den Ursachen; in den Pulsen jedoch sind sie hervorragend; indem sie ihn nämlich fühlen, fragen sie den Kranken nichts, sondern erzählen alle Vorfälle, gleich als wenn sie aus einem Buche vorläsen, wie ein Ziganus, der aus der Hand vorsagt. Die Grundlage kenne ich nicht, nur eines: Man teilt die Arterie in der Länge in einige Teile: der dem Daumen am nächsten gelegene entspricht dem Kopf, der folgende dem Herz etc. aus denen sie dann auf die Krankheiten der (betreffenden) Teile schließen.“

Die Pulsdiagnose war nicht einfach auf Europa übertragbar, denn sie setzte höchste Feinfühligkeit und reiche Erfahrung voraus.

In China hatte sie eine lange Entwicklung und Tradition hinter sich. Angeblich geht sie auf den mythischen „Gelben Kaiser“ Huangdi zurück, der in nebelhafter Vorzeit im dritten Jahrtausend vor Christus gelebt haben soll, aber historisch fassbar hat sie der in den Rang eines Medizinkönigs erhobene Arzt Wang Shuhe im 3. Jahrhundert nach Christus grundgelegt. Er verfasste den epochemachenden Pulskanon „Mojing“ (= Klassiker der Pulslehre), der die vielfältigen Methoden der Pulsuntersuchung seit den Tagen Bian Ques (5. Jahrhundert vor Christus), des „Vaters des Pulses“, erschließt.

Bian Que

Das Verdienst, die chinesischen Pulslehrbücher wie „Mojing" von Wang Shuhe und „Nanjing" (Buch der Leiden), das Bian Que zugeschrieben wird, ins Lateinische übersetzt und dem Westen zugänglich gemacht zu haben, gebührt dem polnischen Jesuiten P. Michael Boym (1612-1659), dem Sohn eines Arztes. 1631 in den Jesuitenorden eingetreten, reiste P. Boym 1643 nach China ab. Der Kenner Ost- und Südostasiens machte sich einen Namen als Wissenschaftler und Entdecker. Er verfasste zahlreiche die asiatische Tier- und Pflanzenwelt, Geografie und Geschichte betreffende Beschreibungen. Und er gilt als „der erste europäische Experte in chinesischer Medizin und Pharmazie", speziell in der Pulslehre, die in China eine dominierende Rolle in der medizinischen Diagnose spielt.

Mit feinstem Tastsinn erspüren Chinas Ärzte den Puls auf je drei Positionen an beiden Handgelenken entlang der Speichenschlagader (Arteria radialis). Sie tasten den Puls sowohl mit leichtem als auch mit kräftigem Druck, also oberflächlich und ebenso tief. Die klassischen Texte unterscheiden bis zu 28 Pulstypen, die dem Kundigen jeweils ganz bestimmte Gesundheitsstörungen und Krankheitsbilder anzeigen.

Der Puls kann sich für den erfahrenen chinesischen Diagnostiker „schlüpfrig", „sich verkriechend", „zwiebelstengelförmig", „hängend", „haftend", „prall", „rau" usw. anfühlen, und jedes der 28 Pulsbilder erlaubt Rückschlüsse auf die Aktivität und Funktion der inneren Organe.

Der polnische Jesuit Michael Boym: erster europäischer Experte chinesischer Medizin und Pharmazie

Behandelt werden die Krankheiten hauptsächlich mit Heilpflanzen.

Das Kapitel „Mission und Medizin" kann nicht geschlossen werden, ohne noch die Verdienste der Jesuitengelehrten in der Übermittlung der chinesischen Heilpflanzenkunde zu unterstreichen, die sich wahrlich nicht in der „Wurzelbehandlung", sprich Ginsenganwendung, erschöpfte.

Urkaiser Shennong

Nicht nur in der Bekanntmachung der Pulslehre war der polnische Jesuitenpater Michael Boym Pionier, sondern ebenso in der Erklärung der Pflanzenheilkunde. Er ist der Autor der wichtigen Werke „Flora Sinensis" (Chinesische Flora) und „Specimen medicinae Sinicae" (Medizinische Pflanzen Chinas), die die medizinischen Eigenschaften der chinesischen Pflanzen für den Westen beschreiben.

Das älteste Heilpflanzenbuch der Welt ist das „Shennong Bencaojing" („Arzneibuch des Göttlichen Landwirts"), das dem Urkaiser Shennong (= Göttlicher Landwirt) zugeschrieben wird, der laut Überlieferung in der ersten Hälfte des dritten Jahrtausends vor Christus gelebt haben soll. Seine größte Leidenschaft war — so berichtet die Mythe —, die Wirkung von Kräutern an sich selbst zu testen, d. h. die Vorgänge in seinem Körper nach der Einnahme von Heilpflanzen zu beobachten. Täglich ließ er eine andere Pflanze auf sich einwirken, jahrelang.

Zur Wurzel der Wurzeln, die in der Form ein wenig der Menschengestalt ähnelt, bemerkte er: „Ginseng, die Menschenwurzel, ist ein Energietonikum. Er beruhigt das animalische Gemüt, festigt die Seele, beugt Angst vor, lässt die Augen glänzen und stärkt die Sehfähigkeit. Weiterhin kräftigt er das Herz und den Verstand und verlängert das Leben."

Die Geschichtsforschung verlegt die Abfassung des Arzneibuchs des Göttlichen Landwirts allerdings vom sagenhaften Goldenen Zeitalter in das erste vorchristliche Jahrhundert.

Li Shizhen (1518-1593), Chinas berühmtester Heilpflanzen-sammler und Kräuterkundler, mit einem Gehilfen.

Nichtsdestoweniger enthält das Shennong Bencaojing mündliche und handschriftliche Überlieferungen vorausgegangener Jahrhunderte und es beschreibt alle bis zur Zeitwende in China bekannten Arzneipflanzen von der Ackerdistel über den Lackporling bis zum Tüpfelfarn. Und alle Arzneibücher späterer Jahrhunderte fußen auf dem dreibändigen Werk des Shennong.

Das Original der frühesten Sammlung pharmazeutischen Wissens ist nicht mehr erhalten.

Der auf China spezialisierte Jesuitenpater Jean Baptiste du Halde hat aber eine Übersetzung des Shennong Bencaojing den Europäern zugänglich gemacht — in der auf Seite 286ff. schon vorgestellten (1735 auf Französisch, 1736 auf Englisch und 1747 auf Deutsch publizierten) China-Enzyklopädie „Ausführliche Beschreibung des chinesischen Reiches und der großen Tartarey".

Noch viele andere Publikationen, Übersetzungen und Dokumente der Jesuiten führten die Europäer durch das Schatzhaus der chinesischen Kräuterheilkunde mit seinen heilkräftigen Blüten, Samen, Wurzeln und Rinden.

Die „Chineserei" wird Mode

Die durch die Berichte der Chinamissionare in Europa ausgelöste Chinamode erfasste nicht nur Philosophie, Medizin und andere Wissenschaften: sie drang in die alltägliche Lebensgestaltung ein. Vornehmlich die Adeligen, Besitzbürger und höheren Beamten frönten der Schwärmerei für China — der sogenannten *„Chinoiserie"* oder (in früherem Deutsch) „Chineserei". Von Europa schwappte der China-Spleen sogar auf die Neue Welt über.

Die verspielte, wunderliche, gefällige Chinamode, beflügelt von der Sehnsucht nach der heilen Welt und dem sorglosen Leben, verschmolz im 17./18. Jahrhundert harmonisch mit den europäischen Kunstströmungen des Barock und des Rokoko.

Zu jedem Schloss eines Königs oder Fürsten gehörten „chinesische" Räume, ausgekleidet mit exotischen Tapeten oder kostbaren Porzellantafeln. Ob private intime Kabinette — Oasen der Erquickung und des Pläsirs — oder repräsentative Empfangsalons oder Konferenzsäle — die chinesischen Räume glichen Museen mit erlesenen Porzellanen, Lackkunstwerken, Jadeschmuckstücken, Elfenbeinschnitzereien und edlen Nippsachen, effektvoll präsentiert in Vitrinen und Regalen, auf Postamenten und Konsolen.

Die gesellschaftliche Oberschicht Europas importierte um teures Silbergeld — im 18. Jahrhundert um geschätzte 250 Millionen Silber-US-Dollar — Luxusgüter aus China. Und bald etablierten sich in europäischen Ländern Manufakturen, die die begehrten Chinaobjekte kopierten und imitierten.

Chinesische Tapeten verzauberten die Gemächer der Noblesse in ideale paradiesische Fluchtorte fernab der Realität. Die Tapetenmotive erschufen in der sprudelnden Phantasie die vermeintliche Welt der Chinesen, ein idyllisches Umfeld mit Pfauen und Schmetterlingen, Chrysanthemen und Lotosblumen,

Freudenmädchen und Komödianten, Hochzeiten und Laternenfesten, Pagoden und halbkreisförmigen Brücken (die mit ihrem Spiegelbild im Wasser einen vollen Kreis bilden), alles in allem eine heiter verspielte und glücklich stimmende Szenerie. Die Chinakabinette: Orte zum Träumen.

Schon 1638 wurden in Worms und Frankfurt die ersten deutschen Tapeten nach chinesischen Vorbildern erzeugt. Aufgekommen sind die Tapeten in China bereits in der Han-Dynastie im 3. Jahrhundert vor Christus. Zunächst wurden sie aus Seide gefertigt und aufwändig bestickt, bis zur Erfindung des Pflanzenfaser-Papiers durch die Chinesen um 100 nach Christus. Ab dem 4. Jahrhundert überwogen in China die Papiertapeten.

Die im Trend der Chinoiserie ab dem 16. Jahrhundert nach Europa gelieferten Tapeten waren horrend teuer, so dass in Europa sehr rasch Imitationen — bedruckte wie handbemalte — hergestellt wurden.

Die Nachahmung chinesischer Kunstgewerbearbeiten blühte in Frankreich, England, Holland und Deutschland auf.

Europas gekrönte Häupter erlagen dem „Zauber der Zerbrechlichkeit": dem chinesischen Porzellan, das zum unverzichtbaren Statussymbol der Höfe wurde. Service, Tassen, Teller, Kannen, Krüge, Schalen, Terrinen, Dosen, Vasen aus der Heimat des Porzellans waren das Um und Auf höfischer Tisch- und Tafelkultur, ebenso Tischdekorationen mit filigranen Figuren von Tieren und Menschen, etwa Papageien,

Musikanten oder Jagdszenen. Die begehrten Keramik-Produkte reichten vom Uhrgehäuse bis zum Nachttopf.

Chinesisches Porzellan

August der Starke

Vom Sammelfieber verzehrt wurde der in Porzellan vernarrte sächsische Kurfürst und König von Polen August der Starke (1670-1733), der von sich sagte, er leide unter der „Porzellankrankheit". Seine Sammlung umfasste 35.000 Porzellanobjekte.

Den lukrativen Chinahandel mit den begehrten exotischen Luxusgütern wie Porzellan, Lackarbeiten, Seiden, Textilien, Tee und Gewürzen kontrollierten im 17. und 18. Jahrhundert die geschäftstüchtigen Holländer (Niederländische Ostindien-Kompanie) und die Engländer (Englische Ostindien-Kompanie), gegen die sich die in Kleinstaaten aufgesplitterten Deutschen zunächst nicht durchsetzen konnten.

Als das erste deutsche, unter preußischer Flagge segelnde Schiff, das die lange Reise nach China gewagt hatte, 1731 aus Kanton kommend in Hamburg einlief, kam es zu einem heftigen „diplomatischen Beben". Doch die Ladung der „Apollon"(so hieß das preußische Schiff) aus China — sie bestand hauptsächlich aus Tee und Porzellan — wurde in einem Hamburger Magazin, wie berichtet wird, „mit sehr gutem Erfolg versteigert".

Das Bestreben, die auf den Schiffen der Handelskompanien nach Europa gelieferten formvollendeten chinesischen Gerätschaften und figürlichen Plastiken aus Porzellan nachzuahmen, ließ dem europäischen Erfinder- und Unternehmergeist keine Ruhe.

Die Nase vorne hatte die holländische Handelsstadt Delft, wo 1653 die erste Manufaktur für Fayence-Produkte gegründet wurde. Um 1700 gab es in Delft sage und schreibe 32 Fayence-Manufakturen. Doch bei den Delfter Tonwaren handelte es sich um vergleichsweise dickwandigeres Steingut, das dem Porzellan ähnlich war.

Die Wiege des echten europäischen Porzellans — des „Weißen Goldes" — stand in Dresden: die erste Porzellanproduktionsstätte Europas wurde 1710 in Meißen gegründet. Es folgten Gründungen von Porzellanzentren in Wien 1718, in Sèvres (Frankreich) 1745 und im Londoner Stadtteil Chelsea ebenfalls

1745. Um die Porzellan-Passion zu befriedigen, etablierten sich laufend neue Herstellungszentren (Höchst 1746, Fürstenberg und Nymphenburg 1747, Mettlach 1748...). Sie alle knüpften — dem Zeitgeschmack entsprechend — an chinesische Modelle und Muster mit Singvögeln auf blühenden Zweigen oder von einem Felsen aus fischenden Kranichen und dergleichen an, um teure Importe aus dem Reich der Mitte zu ersetzen.

In England produzierte der Kunsttischler Thomas Chippendale (1718-1779) einzigartige hochwertige Möbel — mit Vorliebe aus Mahagoniholz — unter Einbeziehung chinesischer Elemente und Formen. Seine graziösen Möbel im chinesischen Stil, z. B. Schränke mit Pagodendächern, erlangten Weltruf.

Etikette und Zeremoniell an den Höfen nahmen chinoise Züge an. Faltfächer aus Fernost beispielsweise gehörten zu den Utensilien, die die höfische Weiblichkeit im 18. Jahrhundert begeistert aufgriff und als Instrument wortloser Kommunikation beim Flirten und Kokettieren nutzte. In der stummen Fächersprache klangen selbst Frivolitäten artig.

Nicht nur Accessoires wie die Fächer waren chinesisch beeinflusst, sondern ebenso die Hauskleidung in den intimen Boudoirs und die Seidenroben auf den Fêtes Galantes. Versailles feierte verschwenderische Kostümbälle mit chinesischer Note.

Eine Brutstätte der europäischen Chinoiserie war der Hof der Weltmacht Frankreich. Der „Sonnenkönig" *Ludwig XIV.* (reg. 1661-1715) erhielt Informationen über China aus erster Hand, sozusagen von

Augen- und Ohrenzeugen. Denn am Hof des ruhmreichen chinesischen Kaisers Kangxi wirkte eine fünfköpfige wissenschaftliche Delegation, bestehend aus französischen Jesuiten, die Kurierdienste zwischen Paris und Peking leisteten.

Porträt Ludwig XIV. von Charles Lebrun

Schon 1670/71 ließ Ludwig XIV. bei Versailles das *„Trianon de Porcelaine"* als erstes Lustschloss erbauen, das in Europa der chinoisen Innendekoration den Weg bereitete. Die verschwenderische Innenausstattung des Porzellan-Trianon mit den Blauweiß-Keramikziegeln imitierte die im 15. Jahrhundert konstruierte Porzellanpagode in Nanjing, die in Europa eine Zeitlang das bekannteste chinesische Bauwerk war und sogar zum Weltwunder erhoben wurde.

Dem Porzellan-Trianon in Versailles war kein langes Leben beschieden, weil die Fliesen nicht winterfest waren und nach wenigen Jahren zersprangen — es wurde 1687 abgerissen —, aber der Trend zum chinesischen Innendekor war nicht mehr aufzuhalten.

Unter *Ludwig XV.* (reg. 1722-1774) feierte die Chinoiserie Orgien. Der nach ihm benannte Louis-Quinze-Stil ist eine perfekte Fusion des Rokoko mit der Chinamode.

Die Gestalter des barockisierten Schlosses *Chantilly* (das 50 km nordöstlich von Paris liegt), der Residenz des Adelsgeschlechts der Condé, schwelgten in Chinoiserie-Kompositionen. Der originellste Raum — ursprünglich ein Boudoir (Intimgemach) — geht auf das Jahr 1737 zurück und nennt sich *„Grande Singerie"* („Große Äfferei"), denn Wände, Decke und Türen sind von gemalten Affen belebt, ein typisches Motiv eines chinesisch inspirierten Rokokodekors. Die Affen sind wie Menschen gekleidet, nicht selten wie chinesische Beamte (Mandarine), und sie ahmen komödiantenhaft mit Gesten und Grimassen die Menschen nach — in allerlei Tätigkeiten, als Jäger, Flötenspieler, Diener usw.

Kurfürst Max Emanuel

Ein Schulbeispiel der Chinoiserie in München ist die zwischen 1716 und 1719 unter *Kurfürst Max Emanuel* (reg. 1679-1726) in Nymphenburg als „Maison de plaisance" — Lustschlösschen — erbaute *Pagodenburg*, geschaffen „zum Ausruhen für die hohen Herrschaften". Sie gilt als ein „Hauptwerk der

Chinamode" des 18. Jahrhunderts. Für Max Emanuels Gartenschlösschen war das schon vorgestellte kurzlebige Trianon de Porcelaine Leitbild.

Trotz ihres Namens hat die Pagodenburg in Nymphenburg nicht die Baugestalt einer Pagode, der Name bezieht sich auf gemalte Pagoden an der Decke.

Das Erdgeschoss im achteckigen und doppelgeschossigen Bau besteht aus einem einzigen Raum, dem „Salettl". Der mit rund 2000 holländischen Fayence-Wandfliesen blau-weiß ausgekleidete Festsalon erinnert an das beliebte chinesische Blau-Weiß-Porzellan.

Das Obergeschoß enthält drei Räume: den „Ruheraum" mit exotischem Flair für Nickerchen, den „Chinesischen Salon" mit schwarz lackierter Vertäfelung und das rot lackierte „Chinesische Kabinett".

Die bedeutendste Schlossanlage Europas „im Barockstil der Chinoiserie" liegt malerisch an der Elbe und führt uns zurück zu *Kurfürst Friedrich August I. von Sachsen* (den wir schon als leidenschaftlichen Porzellanliebhaber kennengelernt haben). Er hat ab 1720 die Sommerresidenz des sächsischen Hofes in *Pillnitz*/Dresden zum chinesischen Lustschloss ausbauen lassen. Schloss und Park Pillnitz waren gleichsam hochherrschaftlicher „Spielplatz" für Schützenfeste, Auerhahnbeize, Hochzeiten, Weinlesefeste, Verkleidungsspiele etc.

Mit dem „Wasserpalais" am Elbeufer und dem baugleichen, zum Hang hin gegenüberliegenden „Bergpalais" holte der Chinabewunderer August der Starke ein Stück des kultivierten fernöstlichen Reiches nach Sachsen, um Glanz und Glorie seines Uradelsgeschlechts der Wettiner zu krönen. Zwischen Wasserpalais und Bergpalais lag der barocke Lustgarten mit einem 1804 erbauten chinesischen Pavillon, den ein Kunstführer als beste europäische Nachbildung eines geschlossenen ostasiatischen Bauwerks bezeichnet.

Die beiden verspielten Palais sind Spitzenleistungen der Chinoiserie: einer dem barocken Geschmack angenäherten exotischen Architektur mit geschwungenen Pagodendächern, Zierschornsteinen und chinesischen Figurengruppen als Schmuck der Hohlkehlen (rinnenförmige Aushöhlungen) der Hauptgesimse. Im Inneren schaffen Freskomalereien mit chinesischen Motiven eine fernöstliche Stimmung.

In *Wien* war es Kaiserin *Maria Theresia* (reg. 1740-1780), die mit der Chinamode flirtete. Sie ließ von 1743 bis 1749 das *Schloss Schönbrunn* als ihre Hauptresidenz umbauen und ausbauen, ihrer Liebe für Asiatika Rechnung tragend.

Zwei chinesische Kabinette — das ovale und das runde — dienten ihr in Schönbrunn als Konferenzzimmer und als Spielzimmer (z. B. zum Kartenspielen): die Parkettböden mit kunstvollen Einlegearbeiten und die mit Landschaften, Blumen und Vögeln bemalten Lacktafeln, die in die weiße Holzvertäfelung eingelassen sind, sowie die auf den Konsolen zur Schau gestellten blauweißen Porzellan-Prunkstücke widerspiegeln die bewunderte Chinakultur.

Im runden chinesischen Kabinett wurde Geschichte gemacht: hier fanden die geheimen Staatskonferenzen und die Besprechungen mit Staatskanzler Fürst Kaunitz statt.

Im Blauen Chinesischen Salon in Schönbrunn sind an den Wänden noch originale chinesische Reispapiertapeten aus der Zeit um 1750 mit floralen Motiven erhalten. Eingefügt in ovalen und rechteckigen Feldern sind szenische Darstellungen über die Seidenraupenzucht, die Seidenproduktion, die Porzellanherstellung und die Teekultivierung in China.

Das ebenfalls mit chinesischem Dekor und Design gestaltete Schönbrunner Vieux-Laque-Zimmer war das Arbeitszimmer des Kaisers Franz I. Stephan, des Gemahls der Kaiserin Maria Theresia. Es ist mit Nussholz vertäfelt, in das Nussholz eingesetzt sind schwarze Lacktafeln aus der kaiserlichen Manufaktur in Peking. Darauf abgebildet sind Landschaften mit Seen, Felsen, Bergen und Pavillons, Jagd- und Alltagsszenen des chinesischen Adels und Tiere, Früchte und Blumen als Symbole für Glück, Reichtum und Unsterblichkeit, sodass das Vieux-Laque-Zimmer in Schönbrunn nach Manier der damaligen europäischen Hofkultur zu chinesischen Träumereien anregt.

Ein frühes Beispiel chinesisch inspirierter Raumausschmückung in Deutschland ist das 1744 eingerichtete Konzertzimmer *Friedrich II. des Großen* von Preußen im Stadtschloss Potsdam.

Der an Kunst und Philosophie interessierte Friedrich II. war nicht gerade ein Enthusiast der Chinoiserie, aber er entzog sich nicht der Chinamode.

Zwei Kleinodien der Gartenarchitektur à la chinoise sind dem Feldherrn und Feingeist Friedrich zu verdanken: Das „*Chinesische Haus*" (1754-1763 erbaut) mit dem Grundriss eines Kleeblattes und einem geschwungenen zeltartigen Kupferdach im Park Sanssouci in Potsdam, das eine exotische Kulisse für Festivals in kleinem Rahmen bot, und auf dem Klausberg das sogenannte „*Drachenhaus*" (1770-1772) in der Form einer achteckigen dreistufigen Pagode mit 16 vergoldeten Drachen auf den Dachkanten. Vorbild für das Drachenhaus war die Ta-Ho-Pagode in Kanton (Guangzhou), das damals der offizielle Handelshafen Chinas für den Außenhandel war.

Friedrich II. der Große

Luise Ulrike, Schwester Friedrich des Großen von Preußen, war die Gattin König Adolf Fredericks von Schweden.

Ihr gehörte die Schlossanlage *Drottningholm* (= Königininsel) nahe Stockholm. Im Jahre 1753 bekam die kunstsinnige *Königin Lovisa Ulrika* — wie sie in Schweden hieß — als Überraschungsgeburtstagsgeschenk das einzigartige *„Kina slott"* (Chinesisches Schlösschen). Ein Augenschmaus sind im Gelben Saal die in den großen Wandpartien eingelassenen chinesischen Lackpaneelen.

Oranienbaum (das heute Lomonossow heißt) bei St. Petersburg war ein Vergnügungsort des russischen Adels mit zahlreichen Palästen und Parks. *Zarin Katharina II. (die Große)* — reg. 1762-1796 — ließ sich hier 1762-1768 ein anmutiges einstöckiges chinesisches Lustschloss bauen — eine „Schatzschatulle", die im Inneren mit Edelholz, farbigen Intarsien-Fußböden aus 15 Holzarten, Porzellan und Seide, mit Vergoldungen und Lackmalereien, mit Schnitzereien und mit erlesenem Mobiliar bezaubert und fernöstliche Phantasien weckt.

Die Majestäten, Hoheiten und Herrschaften der Palais und der Patrizierhäuser liebten es, in ihren romantischen Parks und Gärten zu lustwandeln, die sie gerne mit chinesischen, von geschwungenen Dächern gekrönten Pavillons und Pagoden und mit Figuren aus der chinesischen Kultur ausstatten ließen. Pagoden, mehrgeschossige turmartige Bauwerke, waren die magischen Brennpunkte der Lustgärten, die die höfische Gesellschaft im Geiste nach China versetzten.

Pagode von Kew in den Royal Botanical Gardens in London

Das westliche Paradebeispiel einer fernöstlichen Pagode ist die 1762 von William Chambers gebaute Pagode von *Kew* in den Royal Botanical Gardens, einer großflächigen Parkanlage mit weltbekannten Gewächshäusern und einer einzigartigen Pflanzenwelt im Südwesten Londons. Die Keimzelle der heute in die Liste des Weltkulturerbes aufgenommenen Kew Gärten war der exotische Lustgarten des Lords Capel von Tewkesbury, eines englischen Politikers des 17. Jahrhunderts. Die erhalten gebliebene attraktive chinesische Pagode, einer Majolika-Pagode in den Gärten des chinesischen Kaisers in Peking nachgebaut, ließ Prinzessin Augusta errichten, die die Kew-Gärten vergrößerte.

An der Kewer Pagode von William Chambers, der selber in den 1740er Jahren China besucht hat, orientierte sich der halb so große, fünfgeschossige 1789/1790 errichtete *Chinesische Turm* im Englischen Garten in München.

In *Portici* bei Neapel ließ *Karl III.*, König von Neapel und Sizilien (reg. 1735-1759) — und später König von Spanien — in den Jahren 1757-1759 in seinem rotgrauen königlichen Palast einen fabelhaften Chinoiserie-Salon mit Porzellantafeln aus der legendären Porzellanmanufaktur Capodimonte, der ältesten Italiens, gestalten. Die wertvollen Porzellantafeln mit fernöstlichem Design bedeckten Wände und Fußboden. Der Porzellanraum wurde als Ganzes in den Palast in Capodimonte übersiedelt, wo er besichtigt werden kann.

Derselbe König Karl III., der als König von Neapel und Sizilien den Chinoiseriesaal in Portici anlegen ließ, war später als König von Spanien (reg. 1759-1788) im *Palacio Real* in *Aranjuez* in Zentralspanien als Schrittmacher der Chinamode am Werk.

Der dem Prunkschloss von Versailles nachempfundene Palacio Real (Sommersitz der spanischen Herrscher) in Aranjuez (50 km südlich von Madrid) prunkt in den Privatgemächern und in der Parkanlage mit grandioser Chinoiserie. Der Palacio Real steht ebenfalls auf der Liste des UNESCO-Welterbes. Der farbenprächtige Rauchsalon und besonders der Porzellansaal (*Sala de Porcelanas*) — beide in Manier der modischen China-Exotik — sind an Glanz und Luxus kaum mehr zu überbieten. Im Prinzengarten zwischen Teichen, Seen und Blumenrabatten laden chinesische Pavillons zu Müßiggang in fernöstlichem Ambiente ein.

Nicht nur Schlösser und Paläste wurden mit den Reizen chinesischer Exotik ausgestattet, sondern sogar Dörfer, wie z. B. das chinesische Dorf *Mulang* in Kassel. Das bei Schloss Weißenstein (Bergpark Wilhelmshöhe) ab 1781 von *Landgraf Friedrich II.* angelegte und Ende des 18. Jahrhunderts von *Landgraf Wilhelm IX.* erneuerte und ausgebaute künstliche Zierdorf war ein Hirtendorf mit chinesischer Szenerie und einem Tempel als Mittelpunkt. Die ursprünglichen Holzhäuschen mit Strohdächern wurden später durch Steinbauten ersetzt. Gewidmet waren die idyllisch verstreuten niedlichen Häuser des chinesischen Hirtendorfes der „landgräflichen Tafelei" und den Schäferspielen und anderen Belustigungen des Durchlauchtigsten Fürsten. Auf den Wiesen stolzierten Pfaue und weideten Kühe, Schafe und Ziegen, im Wald ästen Hirsche und brüteten Fasanen. Ein überbrücktes Flüsschen, „Kiang" (chinesische Bezeichnung für Fluss) genannt, und ein See mit zierlichen Booten bereicherten den poetischen Landschaftsgarten. Die Hirten, Schäfer, Melker und Knechte des Dorfes fungierten als Diener bei den herrschaftlichen Gelagen und trugen dabei — was sonst — chinesische Kostüme.

Die Relikte des historischen chinesischen Dorfes Mulang — u. a. die Pagode — mögen phantasiebegabten Besuchern heute noch die fröhliche Romantik der Chinoiserie des 18. Jahrhunderts erahnen lassen.

Die üppigste „chinoise" Innendekoration ist aber in England im *„Royal Pavilion"* des Seebades *Brighton* zu finden. Der Royal Pavilion, das Wahrzeichen Brightons, ist der exotischste aller Paläste in Europa: ein „Palast nicht von dieser Welt". Die opulente Innenausstattung ist chinesisch, äußerlich gleicht er einem indischen Mogul(Kaiser)-Palast. Erbaut wurde das überreichlich mit Minaretten und Kuppeln bestückte extravagante indische Märchenschloss in den Jahren 1815 bis 1822 für den Prinzregenten und späteren *König Georg IV.*, der eine Vorliebe für die Geheimnisse des Orients hatte. Ausgestattet ist der bizarre Royal Pavilion mit den feinsten Beispielen des englischen Chinoiserie-Stils.

Von der Ästhetik Chinas berührt, schufen sich also die Gebieter und Gewalthaber Europas im Zeitalter des Barock und Rokoko aparte mystische Plätze zum Träumen und Teetrinken, die Sehenswürdigkeiten von Weltrang sind.

Außen: indisch, innen: chinesisch — der Royal Pavilion in Brighton

Schon die kurzen Ausflüge zu einigen wenigen der unzähligen europäischen Denkmäler der Chinoiserie deuten an, dass die Chinamode im 17. und 18. Jahrhundert keine Augenblickslaune der Geschichte war, sondern eine mächtige Zeitströmung über anderthalb Jahrhunderte, die den Lebensstil der vornehmen Gesellschaft in Bereichen wie Architektur, Gartengestaltung, Innendekoration (Möbel, Tapeten, Porzellan, Lackwaren) oder Kleidermode durchdrang.

In der Rokokomalerei waren Antoine Watteau (1684-1721) und Francois Boucher (1703-1770) die Meister luftiger chinoiser Traumwelten mit Tanz, Hochzeit, Fischfang, Gartenidylle usw.

Selbst die Bühne huldigte der Chinamanie.

Zum Geburtstag der Kaiserin Maria Theresia in Wien beispielsweise wurde 1752 die Oper „L`Eroe Cinese" (Text: Pietro Metastasio, Musik: Giuseppe Bonno) in Schönbrunn uraufgeführt: „Der chinesische Held" basiert auf schockierenden historischen Ereignissen aus Chinas grauer Vorzeit; ein chinesisches Drama darüber wurde in Du Haldes populären Buch „Ausführliche Beschreibung..." abgedruckt und diente als Inspiration für „L`Eroe Cinese".

Ein anderes Beispiel: „Le Cinesi" („Die Chinesinnen"), eine von Christoph Willibald Gluck im Auftrag des Prinzen von Sachsen-Hildburghausen Joseph Friedrich komponierte Oper, wurde 1754 in Schlosshof bei Wien uraufgeführt. Das Libretto stammt vom Wiener Hofdichter Pietro Metastasio. Die musikalische Chinoiserie ist eine in ein chinesisches Gewand gekleidete spielerische Auseinandersetzung der drei phantasierten Chinesinnen Lisinga, Sivene und Tangia und des von einer Studienreise aus Europa zurückgekehrten Silango (des Bruders von Lisinga und Geliebten von Sivene) mit den Spielarten des europäischen Theaters (Trauerspiel, Schäferspiel = Pastorale und Komödie).

Der bedeutende holländische Dichter Joost van den Vondel (1587-1679) schuf Adam Schall 1667 ein literarisches Denkmal in dem Drama „Zungchin", das den Sturz der Ming-Herrschaft in China in Szene setzte und die Verdienste des Kölner Jesuiten um die Mission im Reich der Mitte würdigte.

Die Mächtigen und Reichen in Europa, die den Chinakult zelebrierten, malten sich in ihrer Phantasie — angeregt durch das in erster Linie auf den Briefen, Berichten und Büchern der Jesuiten fußende Informationsmaterial aus China — ein wirklichkeitsfernes Chinabild aus.

Was veranlasste sie zu ihren bizarren und skurrilen Träumen?

Das verklärte Chinabild stillte ein historisches Bedürfnis eines Kontinents, dem der Dreißigjährige Krieg (1618-1648) noch in den Knochen saß und der im absolutistischen Zeitalter politischen, wirtschaftlichen und gesellschaftlichen Sprengstoff hortete, der 1789 in der Französischen Revolution explodieren sollte. Stichworte: 1683: die Türken vor Wien bedrohen Europa; 1756-1773: Siebenjähriger Krieg, an dem die europäischen Großmächte und Kleinstaaten beteiligt waren; 1775-1783: Unabhängigkeitskrieg der nordamerikanischen Kolonien Englands. Alles in allem haben die Europäer allein im 17. Jahrhundert 22 Kriege geführt.

Auflösung und Aufruhr waren Alltag.

Die Franzosen, Deutschen, Engländer, Holländer, Spanier und Co. erfanden daher ein utopisches Gegenbild zu ihrem zerrissenen, konfliktreichen und streitbaren Europa: ein ideales, vollkommenes Musterland, in dem alles besser war — eben das imaginäre China, eine wunderschöne Illusion.

Brücke zum anderen Globus

Schon der Wegbereiter der religiösen und kulturellen Jesuitenmission im Reich der Mitte — Matteo Ricci alias Li Madou — meldete: „China ist nicht nur ein Land, es ist eine ganze Welt". Und Deutschlands großer Denker und Universalgelehrter Leibniz, der mit Hingabe alles verfügbare Wissen über das gerühmte Drachenreich sammelte, sprach von China als von einem „anderen Globus": so entfernt war China geografisch und geistig vom Abendland.

Noch für Max Weber (1864-1920), einen Gründervater der deutschen Soziologie, ist China als Hochkulturland mit seiner Lebensreglementierung das ganz und gar Andere.

Eine Brücke zwischen der Welt Europas und der Welt Chinas für einen nie dagewesenen Wissensaustausch geschlagen zu haben, ist das Verdienst der 456 Jesuitenmissionare, hochkarätiger Gelehrter, Künstler und Techniker, die im 17./18. Jahrhundert in China gewirkt haben.

Sie stammten aus aller Herren Länder: Portugal, Italien, Frankreich, Deutschland, Tschechien, Belgien, Schweiz, Österreich, Slowenien, Polen. Die Jesuiten im Drachenreich waren nicht nur Theologen und Philosophen, sondern bestausgebildete Spezialisten auf allen möglichen Fachgebieten.

Sie leisteten ihre Vermittlerdienste zwischen beiden Welten als Astronomen, Mathematiker, Kosmografen, Geografen, Kartografen, Landvermesser, Geschichtsforscher, Ärzte, Pharmazeuten, Botaniker, Dolmetscher, Diplomaten, Architekten, Ingenieure, Hydraulik-Berater, Festungsplaner, Bildhauer, Gartenbau-Meister, Kunstmaler, Musiker, Uhrmacher, Glasschleifer oder Kupferstecher.

Mit Adam Schall beginnend leiteten die Jesuiten von 1645 bis 1826, also 182 (!) Jahre lang, als Direktoren das Astronomische Hofamt und das Kaiserliche Observatorium. (Zu ihnen zählten, wie wir wissen, die Deutschen Kilian Stumpf und Ignaz Kögler). Die Modernisierung der chinesischen Stern- und Himmelskunde war ihr Werk, und sie trugen die Verantwortung für den offiziellen chinesischen Kalender, mit dessen Hilfe die Chinesen ihr privates und öffentliches Leben mit den Kräften des Kosmos harmonisierten.

Sie führten ihre Arbeit als Spezialisten am Kaiserhof aber im Dienste der höheren Idee der Evangelisierung Chinas aus.

Der Brückenschlag begann mit P. Matteo Ricci 1583 (Ankunft in China) bzw. 1601 (Ankunft in der Hauptstadt Peking). Die von Ricci eröffnete Brücke zwischen China und Europa glich vorerst noch einem behelfsmäßigen Steg, der aber die Annäherung der zwei gegensätzlichen Reiche und Kulturen möglich machte.

Unter allen Ricci nachfolgenden Pionieren und Brückenbauern war aber einer — im Sinne der Grundbedeutung des Wortes — der »Pontifex maximus«, der „oberste Brückenbauer“: Adam Schall aus Köln am Rhein — der »Meister himmlischer Geheimnisse« am Drachenthron im Reich der Mitte.

Er war, prosaischer ausgedrückt, der Chefarchitekt der Kulturbrücke.

Erinnern wir uns, wie Ferdinand Verbiest, sein Ordensmitbruder und Nachfolger im Amt des Direktors des Astronomischen Amtes über P. Schall urteilte: „Schall hat mehr Einfluss auf den Kaiser als alle Vizekönige oder der angesehenste Fürst, und der Name Pater Adams ist in China bekannter als der Name jedes berühmten Mannes in Europa“.

Er war eine Persönlichkeit von singulärer Statur, intellektuell, menschlich und religiös. Selbst unter den „Giganten“, wie George H. Dunne die frühen Chinamissionare aus dem Jesuitenorden nannte, ragte er noch hervor.

Zum Schluss der Dokumentation ist sogar die Frage erlaubt (die freilich unbeantwortet bleiben muss): Hätte die Geschichte des Kaiserreiches China einen ganz anderen Verlauf genommen, wenn Adam Schall nicht dem sterbenden Kaiser Shunzhi mit Erfolg geraten hätte, den sechsjährigen Xuanye, den dritten seiner acht Söhne, zum Erben des Drachenthrons zu bestimmen — statt seines Vetters, den der Kaiser selbst als Thronfolger im Auge hatte. Denn

Xuanye führte als Kaiser Kangxi das Kaiserreich China zu seinem geschichtlichen Höhepunkt. Kangxi war ein Glücksfall für China.

„Was wäre gewesen, wenn ...“ ist eine müßige Frage. Denn die Antwort liegt in den Sternen begraben, um mit den chinesischen Astrologen zu sprechen, oder ruht im Geheimnis Gottes, des Herrn der Geschichte, um im Sinne der Jesuiten zu sprechen.

Feststeht: Adam Schall hat Geschichte gemacht.

Chinas wohl größter Kaiser, Kangxi, hat die richtigen Worte gefunden für das Grabmal und das Gedächtnis der Geschichte: „Tang Ruowang, Du hast unzerstörbare Größe zurückgelassen, für Deine Mühe sei Dir gedankt “.

Jubiläumsbriefmarken zur Erinnerung an P. Adam Schall
Deutschland und Republik China (Taiwan)

ANHANG

Personenregister

A

B

C

F

Faber, Johannes: 305

Fan Wencheng (1597-1666): 124f., 127

Feng: 128f.

Ferdinand von Bayern (1577-1650): 23

Figueiredo, Rodrigo de, S.J. (1594-1642): 43, 97

Fontaney, Jean de, S.J. (1643-1710): 293

Francisco de la Madre de Dios, O.F.M.: 73ff.

Franz I. Stephan (1708-1765): 324

Fridelli, Xaver Ernbert, S.J. (1673-1743): 268ff.

Friedrich August (Sachsen/Polen) (reg. 1763-1827): 322

Friedrich II. der Große (Preußen) (reg. 1740-1786): 324ff.

Friedrich II. (1729-1785), Landgraf von Hessen-Kassel: 329

Fukuda Hideo: 300

Fulin (1638-1661): 123, s.a. Shunzhi

Furtado, Francisco S.J. [= Fu Fanji] (1589-1653): 83f., 111, 131, 208

Fuxi (chin. Urkaiser): 295

G

Gabiani, Giandomenico, S.J. (1623-1694): 208

Galilei, Galileo (1564-1642): 52f., 55, 59, 220, 280, 305

Georg IV. (1762-1830): 330

Gerbillon, Jean-Francois, S.J. [= Zhang Cheng] (1654-1707): 273ff.

Geyer, Peter de: 146

Gluck, Christoph Willibald (1714-1787): 332

Goethe, Johann Wolfgang von, (1749-1832): 289, 299f.

Kepler, Johannes (1571-1630): 59, 221, 280
Keyzar, Jakob de: 146
Kim Sol-so: 228
Kircher, Athanasius, S.J. (1602-1680): 183, 283ff.
Kögler, Ignaz, S.J. [= Dai Jinxian] (1680-1746): 227f., 256f., 335
Konfuzius (551 v. Chr. – 479 v. Chr.): 36, 248-252, 255f. 285f.
Konstantin der Große (römischer Kaiser, reg. 306-337): 87ff.
Kopernikus, Nikolaus (1473-1543): 53ff., 280
Koxinga (Zheng Chenggong) (1624-1662): 153ff.

L

Lang (Schalls Großmutter): s. Aldenbockum, Lysa
Le Comte, Louis, S.J. (1655-1728): 253
Le Gobien, Charles, S.J. (1653-1708): 289, 293
Leibniz, Gottfried Wilhelm (1646-1716): 267, 291-296, 298f., 334
Li Madou, s. Ricci, Matteo
Li Shizhen: 311 (Bild)
Li Tianjing, Petrus (1579-1659): 65f., 68, 72, 93, 130, 281
Li Zhizao, Leo (1565-1630): 46, 48, 281
Li Zicheng (1605-1645): 97, 100. 106-109, 111-117, 120f., 127
Liguo (Schalls Vater): s. Schall von Bell, Heinrich Degenhard
Longobardi, Niccolo, S.J. [= Long Huamin] (1559/1565-1654): 57, 83, 111, 257, 281
Ludwig XIV. (reg. 1643-1715): 290, 291 (Fußnote), 318ff.
Ludwig XV. (reg. 1715-1774): 320

Peter der Große (reg. 1682-1725): 291 (Fußnote)
Pius XII. (Papst von 1939-1958): 263

Q

Qianlong (chin. Kaiser von 1735-1796): 262f., 272f., 280, 290

R

Rho, Jakob, S.J. [= Luo Yagu] (1592-1638): 59f., 63, 68f., 71, 83, 281
Rhodes, Alexander de, S.J. (1593-1660): 74f.
Ribeiro, Pedro, S.J. [= Li Ningshi] (1570-1640): 43
Ricci, Matteo, S.J. [= Li Madou] (1552-1610): 14f., 19-22, 26f., 42, 44, 49, 52, 57, 75, 84, 137, 173, 187, 229-237, 257, 266, 276ff., 280ff., 334ff.
Richthofen, Ferdinand von: 270
Rinaldi, Philipp, S.J.: 22
Rong Qinwang (Prinz) (1799-1838): 172
Roth, Heinrich, S.J.: 208
Rougemont, Francois de, S.J. (1624-1676): 208

S

Schall von Bell, Heinrich Degenhard, [Liguo] (Schalls Vater): 170
Schall von Bell, Johann, [Yuhan] (Schalls Großvater): 170
Schall von Bell, Johann Adam, S.J. [= Tang Ruowang] (1592-1666): 7f. (Bedeutung), 10 (Bild), 11 (Ehrenname), 22-29 (in Köln und Rom, Noviziat, Studium), 29-33 (Überfahrt nach Goa und Macao), 42-49 (nach Vorbereitung in Macao unerlaubter Vorstoß nach Peking), 49f. (Pekinger Lehrjahre), 51f. (Pfarrer in Sianfu), 52-55 (sein Weltbild als Astronom), 57 (Schalls Werk über Mondfinsternisse gedruckt und dem Kaiserhof überreicht), 59f. (Beru-

fung zur Reformierung des Kalenders und Abschied aus Sianfu), 60-63 (Seelsorger: als Kohlenträger getarnt in der Todeszelle des Gefängnisses), 63-70 (Verschwörung Wei Gongs gegen Schall), 70ff. (Abschluss der Kalenderreform, Ehrentafel des Kaisers für Schall), 72-77 (Ärger mit zwei naiven Mönchen: Thema Missionsmethode der Anpassung), 77-82 (unsichtbarer Seelsorger der christlichen Palastdamen in der Verbotenen Stadt. Hoffnung auf Bekehrung des Kaisers Chongzhen), 83 (Seelsorger im Raum Peking), 83f. (Würdigung durch Mitbrüder), 84-89 (Geschenke für Kaiser Chongzhen, Bemühungen zur Bekehrung des Kaisers), 91-95 (Opfer böswilliger Streiche der Palasteunuchen und Hofastronomen), 100-104 (Kanonengießer), 104f. (Plan für Stadtbefestigung), 106 (Zeuge der Flucht des Kaisers Chongzhen), 109 (zum Tod des Kaisers), 111-115 (mutig in den Chaostagen des Thronräubers Li), 117ff. (bringt Räubern und Banditen das Fürchten bei), 120f. (Bibliothek, Archiv und Gerätekammer bleiben beim Umsturz und Dynastiewechsel verschont), 124-127 (als Bittsteller der neuen Mandschu-Machthaber), 127ff. (Sieger im Wettstreit der drei astronomischen Schulen), 130-133 (zum Direktor des Astronomischen Amtes berufen), 134 (Bild), 135f. (Gedankenaustausch mit dem koreanischen Kronprinzen und Plan, christliche Missionare nach Korea zu entsenden), 136f. (Bau der Südkirche — Nantang — in Peking), 137-142 (2 Mitbrüder als Kriegsverbrecher und Hochverräter verfolgt), 142f. (Verleumdung und Rechtfertigung Schalls), 145-158 (Freund und Ratgeber des jugendlichen Kaisers

Shunzhi), 160f. (Religionsgespräche mit Kaiser Shunzhi), 163 (zum Besuch des Dalai Lama in Peking), 165f. (sein Adoptivenkel), 167 (Gützlaff über Schall), 167-171 (Ehrungen, Auszeichnungen, Beförderungen und Titel), 171 (Schall mahnt den Kaiser wegen sittlicher Verfehlungen), 172 (Probleme wegen „ungünstiger" Begräbnistermine für den Thronerben), 173f. (Buddhismus und Daoismus unterschätzt), 175f. (Kaiser Shunzhi wendet sich dem Buddhismus zu, hält aber an der Dankbarkeit für sein „Großväterchen" Schall und der Wertschätzung des Christentums fest), 177 (Kaiser Shunzhi befolgt Schalls Rat, Xuanye zum Erben des Drachenthrons zu bestimmen, der unter dem Namen Kangxi zu einem der größten Herrscher Chinas aufsteigt), 178-181 (Planung der Expedition zur Erkundung eines Landweges für die Missionare zwischen Europa und China), 181 (P. Grueber porträtiert Schall), 185-189 (Schall in Rom angeschwärzt, Anklagen entkräftet), 189-203 (drei Anklagen gegen Schall, Gerichtsprozess, Todesurteil, Freispruch), 203ff. (Schalls Charaktereigenschaften), 205ff. (öffentliche Beichte), 207ff. (Schall im Urteil seiner Mitbrüder), 209 (todkrank), 211f. (Kaiser Kangxi erstattet Schall alle Würden und Titel zurück und ehrt ihn mit einem Staatsbegräbnis), 212 (im Angedenken an Schall unterzeichnet Kaiser Kangxi das Freiheitsedikt, das die Verkündigung des Evangeliums unbeschränkt freigibt), 215-241 (Spuren Schalls und seiner Vorgänger und Nachfolger im heutigen Peking), 241-244 (bauliche Relikte aus Schalls Peking), 244-257 (innerkirchlicher Streit um die Missionspraxis der „Anpassung", d.h.

der Annäherung des Christentums und der Kirche an die chinesische Kultur, Tradition und Lebensart: Schall ist ein Befürworter, aber kein Wortführer der Anpassung im sogenannten Ritenstreit), 280f. (das von Schall als Schlüsselfigur in Zusammenarbeit mit Mitbrüdern und chinesischen Gelehrten geschaffene astronomische Kompendium „Chongzhen Lishu" ist ein herausragendes Werk der chinesischen Literatur), 285 (Kircher machte Schall der Öffentlichkeit bekannt), 333 (der holländische Dichter Joost van den Vondel setzt 1667 Schall ein literarisches Denkmal in dem Drama „Zungchin"), 335 (mit Adam Schall beginnt die 182 Jahre dauernde Leitung des Astronomischen Hofamtes und des Kaiserlichen Observatoriums durch die Jesuiten), 336f. (Schall: der Chefarchitekt der Kulturbrücke zwischen China und Europa).

Schall von Bell zu Waldorf, Gleuel und Morenhoven, Johann, [Dulu] (Schalls Urgroßvater): 170

Scheiffart von Merode, Maria, [Xie] (Schalls Mutter): 170

Schreck (Terrenz), Johann, S.J. [= Deng Yuhan] (1576-1630): 25, 31f., 42f., 57, 59, 220f., 278, 281, 305f.

Schreiber, Hermann: 8

Secunda (Hofdame): 79

Semedo, Alvaro, S.J. (1586-1658): 38, 39 (Bild)

Shen Que (gest. 1624): 34ff., 38, 40, 42

Shennong (chin. Urkaiser): 309 (Bild), 310, 312

Shunzhi (chin. Kaiser von 1644-1661): 123, 130, 137, 144 (Bild), 145-177, 185, 190, 196, 239, 241, 336

Verbiest, Ferdinand, S.J. [= Nan Huairen] (1623-1688): 136f., 191ff., 196, 198f., 201, 204f., 207, 209, 211, 221-225, 235ff., 336
Verjus, Antoine, S.J. (1632-1706): 293
Voltaire (1694-1778): 289
Vondel, Joost van den (1587-1679): 333

W

Waldersee, Alfred von: 218f.
Wang, Josef (Wang Ruoshe): 81
Wang Shuhe: 306f.
Wang Zheng, Philipp (1571-1644): 50, 278
Wanli (chin. Kaiser von 1572-1620): 36f., 40, 44, 84, 137, 230, 266f.
Watteau, Antoine (1684-1721): 332
Weber, Max (1864-1920): 334
Wei Gong: 64ff., 68, 70, 91
Wei Zhongxian (1568-1627): 41f., 56
Wilhelm II. (reg. 1888-1918): 219
Wilhelm IX. (1743-1821), Landgraf von Hessen-Kassel: 329
Wolff, Christian (1679-1754): 286
Wu, John: 77
Wu Sangui (1612-1678): 114ff., 120

X

Xiaoxian: 171ff., 176, 190
Xie (Schalls Mutter): s. Scheiffart von Merode, Maria
Xu Duxin: 237
Xu Fuyuan, Christoph, S.J.: 85
Xu Guangqi, Paul (1562-1633): 36, 46f., 56f., 60, 62, 64f., 68, 130, 167, 216 (Bild), 281
Xuanye: 177, 336f., s.a. Kangxi

Y

Yang Guangxian (1597-1669): 189ff., 193-197, 209, 211

Yongle (chin. Kaiser von 1402-1424): 16

Yongzheng (chin. Kaiser von 1722-1735): 260f., 272, 290

Yuhan (Schalls Großvater): s. Schall von Bell, Johann

Z

Zao: 106

Zhang, Michael: 61ff.

Zhang Xianzhong (1605-1647): 138f.

Zhaoshi (Schalls Urgroßmutter): s. Gymnich, Margarethe von

Zhou Enlai (1898-1976): 235

Literatur / Quellen

Attwater, Rachel: *„Adam Schall, a Jesuit at the Court of China, 1592-1666"*. Geoffry Chapman, London 1963

Brockey, Liam Matthew: *„Journey to the East: The Jesuit mission to China, 1579-1724"*. Harvard Press University, 2008

Charbonnier, Jean: *„Histoire des Chrétiens de Chine"*. Les Indes Savantes, Paris 2002

Ching-jen, Pang: *„Documents chinois sur l'histoire des Missions catholiques au 17e siècle"*. Neue Zeitschrift für Missionswissenschaft, Band 1, Immensee 1945

Collani, Claudia von: *„Von Jesuiten, Kaisern und Kanonen. Europa und China – eine wechselvolle Geschichte"*. Wissenschaftliche Buchgesellschaft, Darmstadt 2012

Collani, Claudia von: *„SCHALL, Johann Adam S. von Bell"*. In: Biographisch-Bibliographisches Kirchenlexikon. Band 8, Herzberg 1994

Collani, Claudia von: *„Die Christliche Chinamission der frühen Neuzeit / 16.-18. Jahrhundert"*. Zeitschrift für Missionswissenschaft und Religionswissenschaft (ZMR), Freiburg/Schweiz, 93/2009, S. 205-220

Collani, Claudia von: *„Johann Adam Schall von Bell S.J. Missionar und Astronom in China"*, in: Jahrbuch für Religionswissenschaft und Theologie der Religionen (Freiburg 1993) S.119-144

Collani, Claudia von: *„Der Chinamissionar Johann Adam Schall von Bell SJ (1592-1666). Einige Aspekte aus der chinesischen Missionsgeschichte des 17. Jahrhunderts"*. In: Würzburger Diözesan-Geschichtsblätter 54 (1992) S. 353-370

Collani, Claudia von: *„Biography of Johann Adam Schall von Bell SJ, China missionary"*.
http://encyclopedia.stochastikon.com

Dehergne, Joseph: *„Répertoire des Jésuites de Chine de 1552 à 1800"*, Paris (Letouzey & Ané) / Rome (Institutum Historicum SJ) 1973

Die Katholischen Missionen, Freiburg im Breisgau: > Jg. 1873: *„Johann Adam Schall von Bell, Missionär in China"*: I. pp. 11-15; II. pp. 35-38; III. pp. 54-58. > Jg. 1878: *„Die Mission von Peking und Petscheli von deren Gründung im 16. Jahrhundert bis auf unsere Tage"*: III. Das Christenthum am Kaiserhofe der Ming (pp 119-123); IV. Die Zeit der ersten Tatarenkaiser Schün-Tschi und Kanghi (pp. 133-138). > Jg. 1937: Johannes Laures, *„Die Bücherei der älteren Jesuitenmission im Pei-t`ang zu Peking. Erinnerung an P. Adam Schal S.J."* pp 76-77; 100-102; 129-130

Dunne, George H.: *„Das große Exempel"*. Schwabenverlag, Stuttgart 1965

Etiemble, René: *„Les Jesuites en China – la querelle des rites (1552-1773)"*. Julliard, Paris 1966

Gernet, Jacques: *„Christus kam bis nach China. Eine erste Begegnung und ihr Scheitern"*. Artemis, Zürich und München 1984

Glossy, Luke: *„Salvation and Globalization in the Early Jesuit Missions".* Cambridge University Press 2008

Hünermann, Wilhelm: *„Der Mandarin des Himmels. Das Leben des Kölner Astronomen P. Johann Adam Schall am Kaiserhof in Peking".* Theodor Oppermann, Hannover-Kircherrode 1954

Leibniz, Gottfried Wilhelm: *„Der Briefwechsel mit den Jesuiten in China (1689-1714)".* Herausgegeben und mit einer Einleitung versehen von Rita Widmaier. Französisch/lateinisch-deutsch. Übersetzung von Malte-Ludolf Babin. Felix Meiner Verlag, Hamburg 2006

Leibniz, Gottfried Wilhelm: *„Novissima Sinica".* Neu ediert im 6. Band der Reihe IV der Leibniz Gesamtausgabe, Akademie Verlag, Berlin 2008

Li, Wenchao: *„Die christliche China-Mission im 17. Jahrhundert. Verständnis, Unverständnis, Missverständnis".* (Studia Leibnitiana: Supplementa; Vol. 32). Steiner Verlag, Stuttgart 2000

Malek, Roman (Hrsg.): *„Western Learning and Christianity in China. The Contribution and Impact of Johann Adam Schall von Bell SJ (1592-1666)",* 2 Bände, Monumenta Serica Monograph Series XXXV/1-2, Steyler Verlagsbuchhandlung, Nettetal 1998

Mungello, David E.: *„Curious Land: Jesuit Accomodation and the Origins of Sinology".* Fritz Steiner Verlag, Wiesbaden 1985

Neite, Werner (Hrsg.): *„Johann Adam Schall von Bell, SJ, 1591-1666. Ein Kölner Astronom am chinesischen Hof".* Diözesanbibliothek, Köln 1992. (Ausstellungskatalog)

Penning, Wolf D.: *„Schall von Bell zu Lüftelberg (1489/1540-1666). Quellen und Materialien zur Geschichte einer erzstiftisch-kölnischen Familie".* In: Heimatblätter des Rhein-Sieg-Kreises, 66/67 (1998/1999), S. 7-59

Plattner, Felix Alfred: *„Der Große Doktor Tang, Jesuit und Mandarin".* Saarbrücken 1935

Plattner, Felix Alfred: *„Pfeffer und Seelen. Die Entdeckung des See- und Landweges nach Asien".* Benziger, Zürich, Köln 1955

Po-Chia Hsia, Ronnie: *„A Jesuit in the Forbidden City: Matteo Ricci, 1552-1610".* Oxford University Press, 2010

Ross, Andrew C.: *„A Vision Betrayed. The Jesuits in Japan and China, 1542-1742".* Edinburgh University Press 1994

Schall, Johann Adam: *„Geschichte der chinesischen Mission unter der Leitung des Pater Johann Adam Schall, Priesters aus der Gesellschaft Jesu".* Aus dem Lateinischen übersetzt und mit Anmerkungen begleitet von Jg. Sch. von Mannsegg. Druck und Verlag der Mechitaristen-Congregations-Buchhandlung, Wien 1834.

(Das lateinische Original dieser deutschen Übertragung erschien 1665 in Wien unter dem Titel „Historica narratio de initio et progressu missionis societatis Jesu apud Chinenses ac praesertim in regia Pequinensi ex literis R. P. Joannis Adami Schall, ex eadem societate, Supremi ac regii Mathematum tribunalis ibidem praesidis. Collecta Viennae Austriae anno 1665, typis Matthaei Cosmerovii, S. C. M. aulae typographi“

Spence, Jonathan D.: *„The China Helpers: Western Advisers in China 1620-1960“*. Random House, London 1969

Statecraft and Intellectual Renewal in Late Ming China: The Cross-Cultural Synthesis of Xu Guangqi (1562-1633), Herausgeber. C. Jami, P.M. Engelfriet und G. Blue, Verlag Brill Academic Pub, 2001

Stürmer, Ernst: *„Meister himmlischer Geheimnisse. Adam Schall, Ratgeber und Freund des Kaisers von China“*. St. Gabriel, Mödling 1980

Väth, Alfons: *„Johann Adam Schall von Bell. Missionar in China, kaiserlicher Astronom und Ratgeber am Hofe von Peking 1592-1666“*. Bachem-Verlag, Köln 1933. Neuauflage mit einem Nachtrag: Steyler Verlag, Nettetal 1991

Walravens, Hartmut: *„China illustrata. Das europäische Chinaverständnis im Spiegel des 16. bis 18. Jahrhunderts“*. Acta Humaniora, Weinheim 1987 (Ausstellungskatalog der Herzog-August-Bibliothek Wolfenbüttel Nr.55)

Bildnachweis

Ernst Stürmer: Titelbild, SS. 2, 15, 110, 124, 166, 216, 217, 218, 226, 230, 232, 234, 238, 240, 243, 249, 267, 302, 309, 311, 360

Wikimedia Commons: S.24 (Grentidez, Stich aus A. Lamy: „Galerie illustrée de la Compagnie de Jesus", 1893), S.28 (Zeichnung von Peter Paul Rubens, 17. Jh.), S.30, S.37 (Hofporträt, späte Ming-Periode), S.39 (Porträtist unbekannt, 1655), S.47 (Porträt 17. Jh.), S.53 (Porträt gemalt 1636 von Justus Sustermans), S.54 (Werk von Eduard Ender), S.57 (Maler unbekannt, 17. Jh.), S.58 (Künstler unbekannt, 17. Jh.), S.67, S.88 (Markus Bernet, Kapitolinische Museen Rom, de.wikipedia.org.), S.90 (Rollbild, geschaffen vom italienischen Jesuitenmaler Giuseppe Castiglione am Kaiserhof in Peking, National Palace Museum, Taipei), S.98, S.102 (Porträt des Generals Wu Fu, Rollbild, datiert 1760), S.122 (Metropolitan Museum of Art, NY), S.129 (Urheber unbekannt), S.152 (Ölgemälde, Künstler unbekannt, Schloss Gaussig), S.159 (Hudong), S.162 (Holzschnitt), S.169 (Maler unbekannt, 17. Jh., Palace Museum Peking), S.178 (Heiligenlexikon.de), S.184, S.189 (Gemälde des Barockmalers Gian Battista Gaulli il Baciccio), S.210 (1699, von einem unbekannten Hofkünstler), S.223 (Druck 18. Jh., Urheber unbekannt), S.224 (Stich aus „Galerie illustrée de portraits de Jésuites", Paris 1893, von Alfred Hamy), S.246 (Gemälde aus dem 17. Jh.), S.258, S.261 (Rollbild eines unbekannten Hofkünstlers, Palace Museum Peking), S.262 (Kaiser Qianlong in Rüstung auf dem Pferd, geschaffen vom

italienischen Jesuitenmaler Giuseppe Castiglione am Kaiserhof, Palace Museum Peking), S.271 (das Pferd Yuekulai, Gemälde des italienischen Jesuitenmalers Giuseppe Castiglione am Kaiserhof, National Palace Museum, Taipei), S.275 (Autor Joseolgon, Büste in São Martinho do Vale, Vila Nova de Famalicao, Portugal), S.283 (Foto eines Porträts, 17. Jh., Autor: Grentidez), S.284 (aus Cornelius Bloemaert „Mundus Subterraneus", 1664), S.285 (aus „Confucius Sinarum Philosophus", Paris 1687), S.315 („Xiao He chases Han Xin under the moonlight"), S.316 (Gemälde aus dem 18. Jahrhd., Burg Stolpen, Foto: Ingersoll), S. 319 (Ölgemälde des französischen Malers Charles Lebrun, 1661, Schloss Versailles, Herkunft: Jean de La Varende „Louis XIV", Edition France-Empire), S.321 (Ölgemälde des französischen Malers Joseph Vivien, Alte Pinakothek, München), S.325 (Ölgemälde des Schweizer Malers Anton Graff, 1781, Schloss Charlottenburg), S.327: ChrisO, S.331 (Briantist)
Athanasius Kircher, „China illustrata": S.10
„Die Katholischen Missionen", Freiburg i. Br.: SS. 17, 45, 126, 133
Stadtmuseum Ingolstadt: S.20
Carl Mayers Kunstanstalt, Nürnberg: S.66 (Stahlstich)
Culturalchina.com: SS. 79, 113, 306
Archiv der Österreichischen Jesuitenprovinz, Wien: SS. 82, 96, 144, 156, 182 (aus Kircher „China illustrata"), 279, 297, 308
altebilder.net: S.85
www.china.cn: S.107
crossna.com: S.116

Institut Monumenta Serica, St. Augustin: S.134 (Autor des Schall-Porträts unbekannt)
Bildarchiv der österreichischen Nationalbibliothek, Wien: S.174
Archiv für Kunst und Geschichte, Berlin: S.180
Archiv des Erzbistums Köln: S.186
Bezoekerscentrum Ferdinand Verbiest – Markt Pittem (Belgien): S.192
Post Belgien: S.222
Ignaz-Kögler-Gymnasium, Landsberg: S.227
„Jesuiten in Österreich“: S. 231 (Matteo Ricci-Porträt, gemalt von Bruder Emmanuel Pereira S.J. in Peking. Kirche Il Gesù, Rom)
„alle welt“, Wien: S. 268 (Skizze Fridellis: Jochen Bartsch)
w-volk.de: S.274 (Jürgen Hahn)
Post Deutschland: SS. 292, 337
Jean Frédéric Bernard: S.303 (Zeichnung von P. Jartoux)
Post Republik China (Taiwan): S.337

Neun-Drachen-Wand im Kaiserpalast in Peking

Bücher von Ernst Stürmer

Flucht per Autostop. *Veritas,* Linz 1956
Zen, Zauber oder Zucht? *Herder,* Wien 1973
Der Yoga-Report. *Herder,* Wien 1974
Zen, mode of mogelijkheid? *B. Gottmer's Uitgeversbedrijf,* Nijmegen 1975. (Holländische Übersetzung von „Zen, Zauber oder Zucht?")
Vorstoß zum Drachenthron. Matteo Ricci (1552-1610), der Mandarin des Himmels. *St. Gabriel,* Mödling 1978
Meister himmlischer Geheimnisse. Adam Schall (1592-1666), Ratgeber und Freund des Kaisers von China. *St. Gabriel,* Mödling 1980
Paradies Rishikesh. Die Hochburg der Gurus – einst und jetzt. *Das Bergland-Buch,* Salzburg 1980
Avanzada sobre el trono del dragon. Un mandarin del cielo en la China. *Editorial Guadalupe,* Buenos Aires 1981. (Spanische Übersetzung von „Vorstoß zum Drachenthron")
Der weise Mann aus Fernwest. Matteo Ricci. *St. Benno-Verlag,* Leipzig 1983
Der Mann aus Feuer. Franz Xaver (1506-1552), Aufbruch zu neuen Horizonten. *St. Gabriel,* Mödling 1984
Dotrzeć do tronu Smoka. *Verbinum,* Warschau 1984. (Polnische Übersetzung von „Vorstoß zum Drachenthron")
Człowiek z ognia. Franciszek Ksawery. *Verbinum,* Warschau 1987. (Polnische Übersetzung von „Der Mann aus Feuer")
Mistrz Tajemnic Nieba. *Verbinum,* Warschau 1988. (Polnische Übersetzung von „Meister himmlischer Geheimnisse")
So heilt Asien. Ratgeber zur Selbsthilfe. *Veritas,* Linz 1988

"通玄教师" 汤若望. (Tong xuan jiao shi. Tang Ruowang). *Verlag der Universität,* Peking 2. Aufl. 1992 (Chinesische Übersetzung von „Meister himmlischer Geheimnisse")

Endlich richtig schlafen. *Herder,* Freiburg/Breisgau 1990

Gesundheit in unserer Hand. Hand-Akupressur und Hand-Reflexzonenmassage. *Herder,* Freiburg/Breisgau 1991

Atme dich gesund. *Herder,* Freiburg/Breisgau 1992

Asiatische Heilkunst. *Herder,* Freiburg/Breisgau 1992

Geistig fit bleiben. Gehirntraining. *Herder,* Freiburg/Breisgau 1992

Endlich wieder richtig schlafen. *Bildbuch Verlag,* Wien 1993

Dobd ki az altatót! *Metrum,* Budapest 1993 (Ungarische Übersetzung von „Endlich richtig schlafen")

Geistig fit bleiben. *Bildbuch Verlag,* Wien 1994

Nie mehr wetterfühlig. Wenn das Wetter krank macht. *Ueberreuter,* Wien 1995

Nincs többé fronthatás. *K. u. K. Könyvkiadó.* Budapest 1996 (Ungarische Übersetzung von „Nie mehr wetterfühlig")

Schlaftraining. *Herbig,* München 1996

Schlaftraining. Maßnahmen, die wirklich helfen. *Bastei-Lübbe,* Bergisch Gladbach 1996

Atme dich gesund. *Tosa Verlag,* Wien 1996

Asiatische Heilkunst. *Bechtermünz Verlag,* Augsburg 1996

Útok na Drači trón. *Spoločnosť Bočieho Slova* 1996 (Slowakische Übersetzung von „Vorstoß zum Drachenthron")

Gesundheit in unserer Hand. Hand-Akupressur und Hand-Reflexzonenmassage. *mvg-Verlag,* Landsberg am Lech 1997

Atme dich gesund. *mvg-Verlag,* Landsberg am Lech 1998

Nie mehr wetterfühlig. Gesundheitliches Gleichgewicht bei jedem Wetter. *Econ,* Düsseldorf 1997

Nuad. Die traditionelle Thaimassage. *Humboldt Bibliothek bei Koch Media Verlag*, München 2001

Dýchej zdravě. *Verlag Ivo Zelezny*, Prag 2002 (Tschechische Übersetzung von „Atme dich gesund")

Atme dich gesund, *Sonderausgabe Bildbuch*, Wien 2003

Energie tanken. Die 12 Stufen zur Power. e-book, *tredition* 2008

Glücksgold. Die Glücksrezepte der Völker, Kulturen und Religionen. Print book, *tredition 2011*

Glücksgold. Die Glücksrezepte der Völker, Kulturen und Religionen. e-book, *tredition 2012*

Gesunder Händedruck. Hand-Akupressur & Hand-Reflexzonen-Massage. Printbook, *tredition*, Hamburg 2011